心理学
知道答案

你一定爱读的 **54** 堂实用心理课

心灵花园◎著

台海出版社

图书在版编目（CIP）数据

心理学知道答案/心灵花园著 . —— 北京：台海出版社，2016.8

ISBN 978-7-5168-1142-9

Ⅰ . ①心… Ⅱ . ①心… Ⅲ . ①心理学—通俗读物

Ⅳ . ① B84-49

中国版本图书馆 CIP 数据核字 (2016) 第 199842 号

心理学知道答案

著　　者：心灵花园

责任编辑：王　萍　赵旭雯　　　　责任印制：蔡　旭

出版发行：台海出版社
地　　址：北京市朝阳区劲松南路 1 号，邮政编码：100021
电　　话：010 — 64041652（发行，邮购）
传　　真：010 — 84045799（总编室）
网　　址：www.taimeng.org.cn/thcbs/default.htm
E-mail：thcbs@126.com
经　　销：全国各地新华书店
印　　刷：日照梓名印务有限公司
本书如有破损、缺页、装订错误，请与本社联系调换

开　　本：710×1000　　　　1/16
字　　数：189 千　　　　　印　　张：14.5
版　　次：2016 年 10 月第 1 版　　印　　次：2016 年 10 月第 1 次印刷
书　　号：978-7-5168-1142-9

定　　价：36.00 元

前　言

了解心理学知识的意义在于用心理学的视角去看待林林总总的生活现象，从而为我们心中由来已久的困惑找到答案。

你了解心态的奥秘吗？如何发挥心理暗示创造奇迹的力量，用它来重塑强大的内心呢？在人生的旅途中，怎样让自己在"顺其自然"中保持从容而淡定的心态？如何唤醒沉睡的潜能，激发我们身上的正能量？心理学告诉你答案。

你了解情绪的奥秘吗？如何才能化解伤人伤己的暴戾之气？如何才能放下偏执的念头？如何面对我们内心的恐惧、抑郁和伤痛？音乐真的能抚慰人的心灵吗？你试过把糟糕的情绪吃掉吗？心理学告诉你答案。

你了解人格的奥秘吗？在互联网无所不在的时代，我们会发生虚拟人格与现实人格的分裂吗？两者哪个更真实呢？历史上的暴君与独裁者具有怎样特殊的人格？我们的心理防御机制又在发挥着怎样的作用？心理学告诉你答案。

你了解生活的奥秘吗？司空见惯的门把手隐藏着怎样的心理学秘密？各种各样的椅子又具有怎样的心理学意义？不耐烦地等待红绿灯的时候，

你会从心理学角度展开思考吗？你了解色彩背后的心理学吗？心理学告诉你答案。

你了解职场的奥秘吗？我们需要培养怎样的职场个性来应对办公室里的风云变幻？如何战胜拖延的恶习，提高自己的工作效率？遇到让自己讨厌的同事，我们又该如何自处？当你陷入职场谣言的漩涡的时候，如何才能走出迷魂阵呢？心理学告诉你答案。

你了解交际的奥秘吗？如何把握自我暴露的度？如何预防"言者无心听者有意"的"瀑布效应"？如何做一个善于倾听的聪明人？心理学告诉你答案。

你了解经营的奥秘吗？洋快餐为什么会风靡世界？便利店为什么要24小时营业？什么样的广告能够触动人内心的敏感部位？产品设计中又蕴藏着怎样的心理学奥秘？心理学告诉你答案。

目　录

第一章　心理学告诉你心态的奥秘

如何发挥心理暗示创造奇迹的力量，用它来重塑强大的内心呢？在人生的旅途中，怎样让自己在"顺其自然"中保持从容而淡定的心态？如何唤醒沉睡的潜能，激发我们身上的正能量？

第二章　心理学告诉你情绪的奥秘

如何才能化解伤人伤己的暴戾之气？如何才能放下偏执的念头？如何面对我们内心的恐惧、抑郁和伤痛？音乐真的能抚慰人的心灵吗？你试过把糟糕的情绪吃掉吗？

第三章　心理学告诉你人格的奥秘

在互联网无所不在的时代，我们会发生虚拟人格与现实人格的分裂。两者哪个更真实呢？历史上的暴君与独裁者具有怎样特殊的人格？我们的心理防御机制又在发挥着怎样的作用？

第四章　心理学告诉你生活的奥秘

　　司空见惯的门把手隐藏着怎样的心理学秘密？各种各样的椅子又具有怎样的心理学意义？不耐烦地等待红绿灯的时候，你会从心理学角度展开思考吗？你了解色彩背后的心理学吗？

第五章　心理学告诉你职场的奥秘

　　我们需要培养怎样的职场个性来应对办公室里的风云变幻？如何战胜拖延的恶习，提高自己的工作效率？遇到让自己讨厌的同事，我们又该如何自处？当你陷入职场谣言的漩涡的时候，如何才能走出迷魂阵呢？

第六章　心理学告诉你交际的奥秘

即便你是个坦诚的人，对人推心置腹也要把握好度，否则会把对方吓跑的；"言者无心听者有意"，要谨防沟通中的"瀑布效应"；闭上嘴巴，竖起耳朵，懂得倾听的人是真正的聪明人。

第七章 心理学告诉你经营的奥秘

洋快餐为什么会风靡世界？便利店为什么要 24 小时营业？什么样的广告能够触动人内心的敏感部位？产品设计中又蕴藏着怎样的心理学奥秘？

第一章
心理学告诉你心态的奥秘

如何发挥心理暗示创造奇迹的力量，用它来重塑强大的内心呢？在人生的旅途中，怎样让自己在"顺其自然"中保持从容而淡定的心态？如何唤醒沉睡的潜能，激发我们身上的正能量？

激发你的正能量

你是不是觉得每天都过得很辛苦？是不是觉得一天天都被各种"悲催"的事情包围着？每天都任劳任怨地工作，偏偏在稍微松懈的时候被上司逮个正着？你也许尚未察觉，工作上的或悲或喜，都是由一股神秘的力量在背后主导着。

这种神秘的力量不是你身体的力气，而是从你内心散发出来的"心理能量"。当然喽，就像电极有正有负一样，心理能量也是有正负之分的。正能量常常给人以积极、乐观、向上的态度，负能量则充满消极、软弱和退缩的成分。

仔细观察你就会发现，人的情绪其实是最直接的能量来源。当一个人情绪多变，时而喜，时而悲，无法自如地控制情绪时，传递出来的就是负能量。相反，当一个人用乐观的态度改变着环境，让身边的人也充满了激情和欢乐时，传递出来的就是正能量。

一天夜里，苏二和张文驱车从外地赶回老家。在漆黑偏僻的路上，车子突然抛锚了。苏二下车检查时才发现，原来是汽车的轮胎爆了。苏二在工具箱里翻了个遍，也没有找到千斤顶。他茫然地四下环顾，黑不见底的夜笼罩着四野，心想："看来，祈求路过车辆的帮忙是不可能了。"苏二远远望见远处有一座亮灯的房子，于是决定去敲门，问一问人家有没有千斤顶。

这时，张文从车里下来，问苏二说："如果没有人开门怎么办？""如果开门了，他家没有千斤顶怎么办？""即使有的话，人家不愿意借给我们怎么办？"苏二带着满腔的希望刚要起身，就被张文这三问给吓退了。

苏二顺着张文的思路想下去，他越想越气，越想心里越不是滋味。于是，苏二气哄哄地走到房子前，敲开了门。当主人打开门时，他就冲人家劈头盖脸地吼了一句："甭废话，把你家的千斤顶拿出来。"房子的主人见苏二的口气和姿势，觉得来者不善。于是，他从房子里拿出了一把大锤，对苏二吼道："小子，你打劫啊？"

就像物理学中的能量守恒一样，心理能量也是守恒的。它会从一个人的身上转移到另外一个人的身上，再从另外一个人身上传递到第三个人身上，如此传递下去，但是永远不会消失。因此，你传递出去的能量如果是糟糕的、负面的，从对方那里获得的也将是负面的能量。而且，当能量依次传递下去后，最后很有可能重新回到你的身上。

所以说，当你感觉自己心里充满了糟糕的情绪、厌世的价值观，看到整个世界都是灰色的时候，你不仅仅是被自身的负能量包围了，还悲催地成为了负性能量循环中的一环，遭受着一轮又一轮的负面侵蚀。

改变的方法只有一种，就是从你自己做起，做一个带有正能量的人，并且将身上的积极心态、乐观态度和永不放弃的精神传递给身边的人。这时，你就会感到，和他人在一起是轻松的、安全的，彼此想要继续接近。世界上的人不再是肮脏和黑暗的，而是浑身散发着诸如善良、同情心和无条件支持的能量。在积极的能量循环中，你的正能量还会得到不断的提升。

一对年轻的夫妻，丈夫请公司的同事来家里吃饭。于是，妻子在厨房里做菜做饭，准备了一大堆的食材。忙中出错，妻子把面包给烤糊了，黑黢黢的一圈，惨不忍睹，更别说吃了。面对这种情况，丈夫一般有三个选择。如何解决，考验的是智商，也是心态。

其一，丈夫看见烤煳的面包，顿时火冒三丈，觉得妻子的笨拙让他在同事面前丢了脸。于是，丈夫指责妻子笨手笨脚的，什么都做不好。妻子一听就急了，"我一大早上去超市排队买菜，一边准备菜谱，一边招呼客人。出了个小插曲，你就鼻子不是鼻子，脸不是脸的，你装大爷给谁看呢？"

两人在外人面前互相指责，甚至破口大骂。如果继续下去的话，很有可能一个人摔筷子，一个人掀桌子，一场家庭大战不可避免。

其二，丈夫忍着心里的不满，照常招待客人。可是，两人从此陷入冷战。直到有一天，矛盾堆积成山，两人在沉默中爆发，于是新仇旧恨一起算，也难免一场剧烈的争吵。

其三，先生很聪明，当着同事的面前说："我老婆厨艺好着呢，尤其她烤出来的面包，外焦里嫩，我最喜欢吃。"由此，丈夫维护了妻子的面子，妻子则更衷心地招待丈夫的客人，形成一个良性的循环，皆大欢喜。

生活中的许多事情，本来就是没有好坏之分，或者说，没有一个绝对的对错标准，人的心态决定了一切。好的心态就能传递出正能量，生成友善的行为、积极的习惯，从而让自己处在良性的能量循环当中。

任何人都有生活不顺、软弱无力的时候。政府面对舆论的压力时，希望能够尽快摆脱负面影响；公司为了走出发展的低谷，希望员工更有工作热情，更有效率。于是，很多人都在心中呐喊："苍天啊，请赐给我正能量吧，让我变得更强大。"殊不知，正能量的最初来源是自己。当你开始对外传递积极的心态时，强大的正能量也会随之而来。

用心理暗示重塑心态

在一个气味辨别实验中，有两百名志愿者参加了实验，分别为一百名男生和一百名女生。第一轮，实验者让每一个被试闻过烧酒、薄荷和鹿蹄草的气味。第二轮，实验者拿出十瓶没有任何气味的蒸馏水，并且谎称其中有烧酒、薄荷或者鹿蹄草，然后要求被试分辨。

实验结果表明，两百名被试中，42.5% 的被试声称嗅出了味道；其中有一部分被试声称感冒，不能完全确定是哪种气味；只有 3% 的被试报告没有嗅到任何气味。

从这个实验中可以看出，心理暗示的作用是多么强大。在人类进化的过程中，受暗示性已经成为生存的一种本能。所以任何人都在接受暗示，尤其当人处在自身不可控的环境中，比如陌生、危险的境地时，人会受到环境信息的提示，捕捉蛛丝马迹的信息，从而做出判断。商家正是巧妙地利用了人们的这种受暗示性，在商品推广方面做足了文章。

每年的圣诞节后，商场里不但不会淡化节日气氛，还会因为即将到来的新年变得更加热闹。当圣诞树、圣诞挂件尚未撤去时，以新年为主题的柜台布置已经扑面而来了。

作为百货商场的楼层监管，肖明明已经深谙此道。"节日期间，为顾客营造满满的节日氛围，对顾客就像是一种提醒：'要过元旦了，给家人买些礼物吧！'或者是："新年到了，孩子要的玩具也要买回去了吧。'基于这样的心理暗示，顾客会更容易选购商品。"

除此之外，圣诞节的时候，商场会应景地播放《jingle bells》的圣诞音乐；元旦期间，则会选择极具喜庆气氛的《恭喜发财》。对此，肖明明说："这种轻快、喜庆的音乐会让顾客心情轻松起来，从而调动他们的好心情，换句话说，就是用一种无法轻易觉察的方式来影响顾客的购物习惯。"

追溯到人类的发展史，可以发现，人对这种反复出现的音乐、朗诵有一种本能的反应。就像基督教徒反复唱赞美诗和念祈祷词一样，每当类似的音乐响起，人们就会在行动上受到暗示，从而做出相应的行为。因此，巴甫洛夫说："暗示是人类最简单、最典型的条件反射。"

在《上帝的庇护》一书中，作者反复讲述了西藏的喇嘛念经祷告的趣闻。他说，在西藏的一个寺庙里，喇嘛和修道士可以不吃不喝地念经，他们看起来不会饥饿，也不会显得累。为此，他曾经亲自尝试，而他发现，当喇嘛和他一起反复念经的时候，他能获得更多的力量。实际上，这也是一种心理暗示的作用。宗教中的祭祀礼仪、重复使用的祈祷词都带有心理暗示的色彩。

在生活中，我们可能不知不觉地受到了他人的暗示，按照商家、上司或者朋友的意图做出反应。反过来，我们同样能够用心理暗示左右自己的生活。当你陷入低谷时，自我暗示说"我能行"，要比朋友的千百句鼓励更有效；当你的手指受伤时，自我暗示"它很疼，疼死我了"，就会比消毒水的腐蚀更加令人痛苦。

克劳德，当他还是一位初出茅庐的律师时，在和一位名声很大的律师同堂辩护的较量中，依靠自我暗示的力量赢得了胜利。当时，对手在业界已经颇具声望，年轻一辈的律师甚至以他为榜样，对他敬畏有加。

克劳德事后回忆时说："我一度感到非常害怕，那就是我的前辈，多年来，我是看着他的演讲和辩论实录度过的求学生涯。"当他闭上了眼睛，他对自己说："事实上，我比他水平更高，技术更高明。我一定能够战胜他，一定能！"

在开庭前的几分钟里，克劳德把"我一定能战胜他"这句话在心中重复了无数遍。当他睁开眼睛，看着坐在对面的前辈律师时，似乎没有一开始见面时那么恐惧，自信心也提高了许多。在一番又一番的唇枪舌剑之后，克劳德最终战胜了心中的恐惧，赢得了官司。

如今，他已经能够轻松应对任何强大的对手。即使案件非常棘手，即使陪审团不赞成他的意见，他只要闭上眼睛，不断重复这一心理暗示，依然会恢复自信光彩，从容地应对法庭上的任何考验。

在心理学上，心理咨询师常常用暗示疗法来改善来访者的情绪状态，从而调动一个人的内在因素，发挥出积极的效果。古语有云："情极百病增，情舒百病除。"说的就是这个道理。不过，心理暗示一旦用错地方，也可能酿成无法遏制的灾难。

希特勒就是用强大的心理暗示来统治德国人的头脑的。在纳粹统治的德国，各种标语、布告遍布全国的各个角落，"一个帝国，一个民族，一个领袖"成为市民日常交谈中的口头禅，每个人都将希特勒奉为偶像，任何一个组织的活动都有人在唱德国青年进行曲。在媒体昼夜不停地播报，人民整天整夜思考、讨论着"起来吧，你是第三帝国的贵族"时，一向以严谨、保守著称的德意志民族陷入了疯狂的状态。

可见，暗示一旦被懂得如何运用它的人掌握，人民就会变成被人操控的羊群，而心理暗示本身，就变成了最强大、最可怕的武器。离开疯狂的战争年代，当人们置身在商业统治的社会时，是不是同样受着他人的暗示，按照商家的目的购买商品，浪费资源呢？

无需多虑，你只要列出最喜爱的几大服装品牌，然后回想："我是从什么时候喜欢上它的，原因是什么？"找到了答案，你就会猛然发觉，原来，生活竟然有那么多成分，并非自主选择，而是在心理暗示下的他人选择。这是不是很可怕呢？

让一切顺其自然

2012年末上映的电影《少年派的奇幻漂流》掀起了一阵狂热的观影潮，当人们走出电影院，对奇幻的 3D 效果回味无穷的同时，也不禁想起电影带给人们的关于生命，关于信仰，关于人生态度的思考。其中，最令人着迷，也最令人费解的地方就在于少年派和孟加拉虎理查德·帕克之间的关系。

故事从派的少年开始讲起。派的父亲开了一家动物园，动物园里有调皮的猴子，也有凶猛的老虎。在这样的生活环境下，派对信仰和人的本性产生了一系列的看法，最特别的是，他同时信仰了三个宗教——印度教、伊斯兰教和基督教。在派的心中，不同宗教的神并不会发生冲突，而是并存的。

随后，派的全家搭乘了一艘日本货轮准备移民加拿大。轮船在航行途中，遭遇了风暴的侵袭，派的家人和船上的其他人全部遇难，活下来的只有派，一只孟加拉虎，一只猩猩，一头鬣狗和一只断了腿的斑马。

动物之间经过厮杀之后，救生艇上只剩下了孟加拉虎和派。在未来227天的海上漂流中，派开始和这只孟加拉虎相依生存。为了避免被老虎吃掉，派必须时刻警惕，动用全身力量和它周旋；为了不至于命丧虎口，派在为自己寻找食物的同时，还要照顾老虎的温饱。在漫长的漂流中，派和老虎的关系从生死的对立，变成了同等力量的制衡，到最后，变成了在暴风雨中的相互温暖，相互慰藉。

最后，派和理查德·帕克随着洋流漂流到了墨西哥湾。派筋疲力尽，昏倒在沙滩上。重返陆地的理查德·帕克则走出救生艇，准备重返森林。在它离去之前，派用尽全身力气睁开双眼，期待获得它的凝视，或者它在永远离去前的回头。结果，理查德·帕克头也没回，重新回到了属于它的森林。

派在医院静心休养，并且接受了日本轮船公司职员关于海难事故的调查。派对两位千里迢迢赶来的职员讲述了他和老虎、鬣狗、猩猩以及斑马的故事，结果，两位职员觉得太过荒谬，让他重新叙述。于是，派讲出了一个更真实，也更残酷的版本。至于哪个版本是真，哪个版本是假，由他们自己判断。

在电影的最后，导演李安同样选择了派的角度，呈现了两个版本的故事，一个神奇，充满荒诞的想象；一个现实，挑战人性的良知，至于要相信哪一个，由观影者自行选择！当然，除了故事本身的结局引起激烈的讨论之外，和派一起漂流了227天的孟加拉虎理查德·帕克也成为故事中一个强烈的意象。

有人说，老虎代表的是派身上的兽性和恶，同样代表着人类恶的本性。出于从小的生活环境和宗教信仰，派本身对恶感到恐惧，然而，面对残酷的生存抉择时，恶却让他得以延续生命。也有人说，老虎是派幻想出来的一个朋友，在他心灵最孤独、最无助的时候，陪伴他度过了艰难的海上岁月。另外，老虎也代表了恐惧和绝望本身。派的漂流过程，就是他不断战胜内心恐惧和绝望的过程，这一点，从派和理查德·帕克的关系从对立发展为相互依存可见一斑。

在人们热烈讨论老虎本身的意义时，老虎的离去同样引人遐想。从派的角度来分析，理查德·帕克作为与他生死相伴的朋友，他们一起度过了艰难的岁月，一起熬过了绝望的日子，在离去之前，竟然连一次好好的告别都没有——真真的是，头也不回地离去。这一点，不禁让人联想起《道德经》中的一句："天地不仁，以万物为刍狗。"

"天地不仁，以万物为刍狗"的意思是，天地对万物都没有偏爱之心，它无所谓仁，也无所谓不仁，天地生了万物，却将万物视作祭祀用的草狗一般，让万物按照自然的规律生长，即使是对待万物中的灵长——人，也没有特别的好。

派小时候，当他想要亲近笼子里的老虎时，他的父亲曾经教导过他："你在它眼中看到的，不过都是自己的幻影。"当理查德·帕克转身离去之时，派似乎明白了父亲当年的话。一只老虎是完全按照自然的规律生长的，它杀死鬣狗，不是为了帮助派逃离危险，而是因为本身的饥饿；它在漂流中听从了派的指令，乖乖被其驯服，并不是因为他真的和派产生了感情，仅仅是因为对食物的需要。同样，当它返回陆地，重见森林之时，它只是按照本性的召唤，按照它的生命轨迹，回到属于它的地方。派对它的离去感到伤感，用一生的时间回忆，然而，一切又是那么的一厢情愿。它终究是一头天地滋养下的孟加拉虎，有自己的生长规律和使命。

举一个最直白的例子：一个心怀慈悲的人，看见狼在追逐兔子，于是将狼赶走了；兔子得救了，可是狼却挨饿了；而后，狼去攻击羊群，慈悲的人不仅遭受了巨大的经济损失，还要忍受更残忍的杀戮。

在自然之间，万物已经形成一种平衡。天地不会出手相助，任其自生自灭，看似残酷，却是最好的态度。作为个体的人本身也是如此。正是因为每个人对生活的追寻都带着过于强烈的目的性，包括对金钱的追寻，不间断地与他人比较和害怕被外界抛弃，因此才会产生更多的痛苦。

在广西支教十余年的德国人卢安克曾经在采访中说过："我一无所有，但是我获得了自由。"这种自由不是身体上的自由，而是精神上的，是灵魂上的。在《少年派的奇幻漂流》的最后，年长的派对着一个来自法国的作家讲述自己的故事，他说："人生到头来就是不停地放下，可最痛心的是，我都没能跟他好好道别……"

如果人生注定是一段遵循着"天地不仁"的规律，不停放下的过程，你还有谁没有认真对待，还有哪个人，需要好好地跟他道别？

保持一份从容淡定

攒了两年的休假，一次休完的感觉实在令人又惋惜，又回味。不过，从欧洲的艺术天堂回到世俗的凡间，一时间还令人不太适应。

回公司两天了，依琳看到身边的一切都发生了变化。经过经理的努力，部门的员工都上调了薪水，西亚的老婆升职作了新的主管，西亚则被调到上海培训半年。众所周知，培训就是升职的前奏，半年之后，他就会成为某个分管部门的新经理。

依琳曾经以为，只要我是最努力的，我做得比谁都辛苦，一定会成为最优秀的那个，也会是收获最多的那个。自从看了《北京爱情故事》之后，她对"命运"有了新的认识，"也许，我辛辛苦苦地奋斗十几年，甚至几十年，都赶不上人家一个有钱的老爸。"

人们都说，幸福是比较出来的，可是，当依琳在家乡看到各种"混得不错"的同学时，她一点幸福感都没有。

每天逃课的杜飞开了一家信贷公司，貌似生意还不错；李俊捞到了第一桶金，正在干工程建设；谁谁谁刚换了套新房，谁谁谁嫁了一个有钱的老公，谁谁谁……爸爸总说："你看谁谁谁，读书的时候不怎么样，现在……"

一直以来，依琳内心有她的坚持，她想要的是娴静、智慧、大气而洒脱的生活，对于生活有一种淡然的心态，如果不是事业有成，至少不是每天碌碌无为，为了房子、车子、口袋中的钞票奔波、忙碌。正是因为这样的心态，在其他人纷纷进入"小康生活"的时候，她依旧除了工作，一无所有。

看着办公桌上堆成山的项目报表、预算和简述报告，依琳突然想起了十年前，她在念大学时写下的一个人生规划。年轻的时候，对未来的人生充满向往和期待，计划着今年应该收获什么，三年之后要取得什么样的成绩，十年后要达到的目标，等等。

茫然地思索了一个上午，工作毫无进展。午休时间，依琳匆忙收拾东西回家，如果她没有记错，十年前的计划书一直锁在书房的第三个抽屉里，如果她没有记错，计划书中应该有这样一句话：做一位优雅、淡然的女子。

很多人在面对物质喧嚣的时候，都会迷失了自己的方向。就像比较出来的幸福一样，有人觉得幸福，就会有人觉得不幸。可是你是否知道，那个不幸福的人是真的没有找到幸福吗？还是找错了对照的坐标系？

曾经有一位作家说过："一个人的性格决定一个人的命运，如果说你喜欢保持你的性格，那么你就无权拒绝你的际遇。"坚持自我，不想要媚俗的人，就要坦然接受不被人理解的命运和有些坎坷的生活；想要保持淡然、澄净生活的人，就要做好远离市声，清冷孤寂的准备。想不到、做不到，或者想到、做不到的人，都不能算作真正地了解自己，也不算真正拥有独立自主的性格。

在生命之初，父母为孩子定下了人生的基调；在自立之初，每个人都为自己的人生定下了基调。你想要成为什么样的人，过什么样的生活，通过什么样的方式达到目的？想法决定了态度，态度决定了生活的境况。

因此，生活是一种态度，就像佛家所说："境由心造，烦恼皆由心生。"由于心态的不同，即使是相同的境遇，面对同一个机会，人们还是会有不同的心境，做出不同的选择，从而导致每个人的人生都有独特的曲调。这些曲调的交叠，构成了人世纷繁的交响曲。

二十五岁时，朋友给他看倪瓒的山水画。他看不入眼，觉得太淡，线条过于简单，画家的气场太弱。那时，他喜欢的是浓墨重彩，像凡·高的《向日葵》那般，堆上几十层的油彩，看着才过瘾。

十五年后，历经了人生的精彩、灰暗，从低谷中重新出发的他，买了一幅倪瓒的《晴林平远图》放在家里。明知是赝品，他也愿意看它的意境。此时，相较于颜色丰富，油彩绚烂的画作，他更钟情于清新自然，带着一股淡雅气息的作品。

如果说，生命如同一段旅程，真的要经历喧嚣之后才能平静，那么，追求平静的道路上非要配上一种智慧心态不可。曾经有一位大师说过："假使你每天担忧一回，那么一生便要损失好几年。有什么能改善的，那么就尽力而为之。锻炼你自己，不要忧愁，因为忧愁于事无补。"同样的一件事，功利心太强的人患得患失，辗转难眠，内心淡然、平和的人却处之泰然，因为结果就在那里，等你去看，去拿，而不是去担忧。

在一次电视转播的音乐会上，梅达戴着一个花环上台指挥。这是上台前，一位热心的支持者挂在他脖子上的。然而，当梅达全心地投入指挥时，花环上的花瓣纷纷落下，一个美丽的花环褪了色，变成了一个斑驳的铁圈。

电视节目的评论员发出了不同的声音。一位男士忧心忡忡地说："等到音乐会结束，梅达的脖子上将只剩下一个铁圈。"一位女士说："没关系，他不是正站在一堆可爱的花瓣当中吗？"当音乐会结束，记者采访梅达时问道："您不担心掉了花瓣的花环让您在电视上出丑吗？"梅达若无其事地说："观众应该陶醉在我的音乐中吧。"

做个耐压的职场新人

在公司年末的中层会议上，各项目经理做完了工作汇报，就开始对一整年的辛苦发牢骚，尤其是公司里的年轻人，让这些三十多岁的大哥大姐频频向他们开炮。对于这些提不起来的"草莓族"，有的人甚至打算明年进行一次"草莓革命"，彻底打击一下这些"相处起来要拿捏分寸，遇到重压就变成稀泥"的小草莓。

广告部的经理王姐说："我真是受够了部门里的小姑娘，屁大点事儿都不肯来上班。生理期要请假，感冒了要回家休息，就连和男朋友吵架，眼睛哭肿了也能成为不上班的理由。我这边赶着做策划案，她那边给我娇滴滴地玩林妹妹，说起话来都要哭了，真是受不了！"

王姐刚说完，设计部的刘经理也开口了："我那部门的小丫头也是，每天上班迟到，理由还千奇百怪。摩托车爆胎，闹钟坏了睡过头，吃坏东西拉肚子，甚至连狗狗生病要打针都能搬出来用。"

"其实，不仅女孩子是这样，男孩子也让人头大啊。"艺术总监Andy说，"我的助理啊，上个月竟然跟我申请，说他晚上要和团队打网游，精神消耗太大，早上起不来，可不可以重新安排他的上班时间？我都想问他呢，到底我们哪个是总监，哪个是助理啊？"

"草莓族"这一称谓，来自Career就业情报董事长翁静玉1993年出版的《办公室物语》一书，书中将"草莓族"定义为当时三十岁以下的年轻人，也就是二十世纪六十年代出生的年轻人。随着时代的发展，"草莓族"变成了 80 后、90 后的代称。

这些 1980 年后出生的年轻人，每个人都像草莓一样，外表看起来光鲜亮丽，表层疙疙瘩瘩很有个性，相处起来还要拿捏分寸。可是稍一施压，再鲜艳的草莓也会变成一团烂泥。由此来比喻这一代人重视享乐，无法承受挫折。尤其在工作上，没什么定性，不合群，见异思迁，一心期待拿更高的薪水，做更轻松的工作。

阿文，1984 年生人，大学毕业时几经波折找到了第一份工作，随后开始不断跳槽，毕业两年，她已经换了四份工作，更严重的是，到现在她也没有找到人生的目标。

从中学开始，阿文就对设计很感兴趣，将来想要从事广告创意，或者室内设计一类的工作。因此，考大学时，阿文报考了艺术学院的广告系。毕业前夕，她跟着同学一起，在实习的房地产公司签下了工作协议，她主要做公司内刊的策划和编辑。

正式毕业后，阿文就后悔这一决定了。她根本不喜欢做媒体，对房地产行业也不感兴趣，当初的想法就是签一份合约，在老师面前好交代，其他的事情以后再说。可是，当她真的要去公司上班，面对着一堆她完全没听过的房产术语时，她马上就放弃了。

毁约后，阿文赔给公司五千元钱的违约金。随后，她到一家外企做公关。可惜，试用期还没过，她就离职了。阿文说："讨厌每天看着陌生人的嘴脸，跟孙子似的，请人吃饭，还要赔着笑脸。"离职后，阿文又找回了对设计的热情。她到了一家广告公司。这家公司颇具名气，而且广告产品都是央视投放，对阿文来说是个不错的机会。

去之前，人事部的经理说："先从助理开始做起，工作内容可能枯燥一点，但是可以让你慢慢接触这个行业，积累些经验。"阿文听他一说，觉得还不错，可以尝试一下。等她工作了两个月，才发现何止是工作内容枯燥，简直就是一个打杂的。公司里任何一个主管都能使唤她，跑腿、打印、找群众演员都是她的活，半年后，阿文又失业了。

后来，经过朋友介绍，阿文进入了一家国外广告公司在国内的分部。她本来想，这个机会不错，可以接触国际上最新的广告创意，未来前景一定是一片大好。可惜，工作了一年，她依旧没有独立策划的机会，连她见缝插针地提的两个创意，后来也被总监否定了。

朋友说："在这里，没有人需要创意，学会生存之道比拿出一个amazing idea 更重要。"的确，没过多久，阿文的朋友顺利升职，她则不上不下地呆在设计部，不知道自己到底想要什么。有时候她甚至觉得，这么混下去，人生很快就过去了，要么，趁着年轻，出国进修一下吧？动了这个念头，阿文又开始为出国留学做准备了。

在拥有一定资历的老员工眼中，初入职场的新人都像草莓一般柔软，一碰就破，无法成为栋梁之才。反过来，在"草莓族"眼中，职场中那些有一定的工作资历，脾气又臭又硬，不好相处，对新人百般刁难的人则成为"榴莲族"，为此，五月天的阿信在《米老鼠》中唱到："谁是草莓族，你才是榴莲族，一身伤人顽固，伤害我，还要我不哭。"

其实，那些自称老榴莲的职场老鸟，并非本身就真的脾气臭，是一群死板得不行的顽固派，而是经过多年的摸爬滚打，在职场酱缸中熬成这样的。想当年，榴莲族也是怯生生的小草莓，娇滴滴地和上司周旋，想要在娱乐和工作之间寻求平衡。如今，看看榴莲族们惨不忍睹的尊容，就可以猜到他们从草莓到榴莲艰难的蜕变过程。

长期的熬夜加班，加上岁月这把利刃的无情侵蚀，榴莲族的脸色常年都是蜡黄色，他们的脸上过早地长出了鱼尾纹，收入全部拿来还房贷和供孩子上学，存点闲钱还要给自己养老。生活的压力让他们变成了以厚脸皮自居的老油条，自然会对菜鸟们颐指气使，没有一天好脾气。

作为职场的新人，草莓族不甚可取，榴莲族也不应该成为每个人的发展方向。身在职场，遵守规则是第一要义。除此之外，谦卑心会让老同事在最短时间内接纳懵懂无知的小草莓，幽默感则会成为人际间的润滑剂，将原本尴尬，甚至对立的工作气氛变得融洽、和睦。

大黄蜂为什么会飞

在设计部的月末会议上，张总给大家上一堂"思维课"。

所有人做完工作总结之后，张总在白板上写下了一串数字，说："这有一个算不上数学题的数学题：挪动一个数字，使等式'101-102=1'成立。要求是，只能挪动数字的位置，不能两个数字对调，也不能改成不等式之类。"

一向以头脑灵活著称的苏拉开始在记事本上画公式，五分钟过去了，没做出来结果。她抬头看着旁边一脸木讷的张扬，问他说："你怎么不想想，像你这么聪明，肯定一下子就想出来了。"张扬思考片刻，苦笑着说："这个嘛，我得回去编个程序。"

张总去了茶水间，会议室里的同事就炸开了锅。几个人七嘴八舌地谈论起来，可是，谁也没找到合适的答案。苏拉偷偷地瞄着张总的笔记本，没有发现答案。看着张总进屋，苏拉说："张总，我把所有可能的挪动都试过了，不行啊，这个题目不会有问题吧？"张总笑笑说："来吧，看看是你的脑子有问题，还是题目有问题？"

张总放下了咖啡杯，拿起板擦擦掉了2，然后将它放在了"10"的肩膀上，将"102"变成了"10^2"。同事们恍然大悟，异口同声地说："啊，原来是这样啊！"苏拉懊恼地对自己说："这么简单哦，我怎么没想到呢？

竟然还敢说张总的题目出错了。"

同事间的议论渐渐平息之后，张总拿着每一个人的设计作品，黑着脸说："今天我们讨论的内容，就是这道题！"

很显然，这道题和一个人的学识、经历都没有关系，即使是数学专业的研究生、博士，也不一定能想得出答案。因为，所有人都受思维定式所困，将"挪动"的范围定在了左右挪动，而没有想过，还有上下挪动的方式。

说到挪动，所有人的第一反应一定是左右挪动，正因为每个人都带着这样的第一反应做事情，才阻碍了思维的扩散，最终被自己的思维定式困死了。可以说，大多数人都是遵循过去的经验在思考，在过去成功的经验中一再尝试，然后成为定势。然而，在需要突破困境的情况下，基于经验的思考往往成为绑架思维的绳索，将头脑限制在一个狭窄、偏颇的环境中。

有这么一则寓言故事：从前，有一位动物学家一直致力于研究飞翔的原理。一天，他终于研究成功了。他得出的结论是：动物之所以能够飞翔，是因为它们具有身躯轻巧、双翼修长的特殊构造。

动物学家刚刚宣布完毕，一只大黄蜂飞进了房间，落在了他的面前。大黄蜂嗡嗡地叫着，问动物学家说："那你说说，为什么我也能飞呀？"动物学家看着它肥硕的肚子，窄小的翅膀，一时答不上来。过了一会儿，他说："这个我还没研究出来，等我得出新的结论了，再告诉你好不好？"

大黄蜂嗡嗡地飞走后，动物学家带上一只大黄蜂的标本，回家开始研究大黄蜂飞翔的原理。三个月后，他没有得出任何具有说服力的结论。后来，他带着标本去请教物理学家。物理学家也大惑不解："没道理呀，按照流体力学的原理，硕大的身躯搭配短小的翅膀，它不应该会飞的。"物理学家没弄明白其中原因。于是，动物学家开始请教生物学家、数学家、遗传学家等，这些专家都从非常专业的角度对大黄蜂进行分析，得出的结论都是，大黄蜂不应该会飞的。

动物学家为此感到非常苦恼，这时，大黄蜂又找上门来了。动物学家充满歉意地说："我还没有弄明白你为什么会飞。"大黄蜂扇动着翅膀，对动物学家说："那我来告诉你吧。其实很简单，就是因为我想飞，所以我就飞起来了。"

实际上，"大黄蜂为什么会飞"这个问题不仅仅在寓言故事中存在，在很长一段时间里，空气动力学和生物学家们都为此头疼不已。像大黄蜂这种身子笨重，翅膀面积又相当狭小的动物，按照空气动力学的理论来分析，它是完全不可能飞起来的。

当然，科学的发展已经让专家们找到了大黄蜂飞翔的原因。不过，寓言中的大黄蜂还是会给人们许多启示。因为，它成功地摆脱了思维定式，摆脱了知识结构、专业背景和理论堆砌的负担，按照突破常规的思维模式来解释了这个问题。

实际上，现实中的蜂类远远达不到寓言中大黄蜂那样的睿智和洒脱。它们不仅不太懂得突破思维模式，相反，它们往往被自己的一意孤行困住，最后成为思维定势下的悲剧。

曾经有人做过这样一个试验：在桌上放一个敞口的玻璃瓶，瓶底朝向光亮处。然后将一只蜜蜂放入敞口瓶中。实验者观察发现，蜜蜂会始终朝着光亮的瓶底飞去，它左奔右突，想要穿过瓶底，飞出瓶子。尽管屡屡受挫，在冰冷的瓶底上撞得头破血流，它还是不肯改变方向。最后，蜜蜂耗尽了全身的力气，死在了瓶底里。

作为对照组，实验者在敞口瓶里放入了一只苍蝇。一开始，苍蝇也是朝着光亮的瓶底飞，失败后，它又重新选择方向。苍蝇做了无数次的尝试，也碰得一身伤痕。但是，它从来没有在一个地方试两次，而是在各种不同的方位上做尝试。最后，苍蝇找到了瓶口，成功地逃离了困境。

无论是职场的员工、私人小老板还是做大事业的人，都很信赖过去的知识、经验、习惯。尤其是成功的案例，更容易被千百次地拿出来反复使用，以产生屡试不爽的效果。实际上，令人们裹足不前的常常就是这种习惯性的思维。

在这个世界上，能够限制住你的人，只有你自己。每个人的思维都是无限的，如果你正处在走投无路的死胡同，或者正面对左右为难的选择，试着重新考虑，放弃习惯性的思维，换一个角度考虑，或许就能找到逃离困境的出路。而且，方法不止一个。

唤醒沉睡的潜能

在电视剧《士兵突击》中，许三多从一个人见人烦的大笨蛋，最终成长为一个兵王。在成长期间，他被人嘲笑过，被人数落过，被众人忽视甚至成为他的日常生活。可能连他自己都没有想到，一个连向后转都能把自己绊倒的劣等兵，有一天，竟然会潜能爆发，成为草原三班的一个奇迹，成为钢七连的骄傲，更成为令人称道的"兵王"。

在家中，许三多从来没有自己的想法，他的眼中只有他二哥和他父亲，为此，他被父亲称为"龟儿子"。在部队，他看着班长的脸色行事，毫无自己的主见。因此，他被看做是没有出息，笨到不能再笨的人。每次犯错，他都会说："我错了，我错了，我可笨了，我学东西可慢了。"对于有血气的战士来说，被人鄙视比死亡更痛苦，而许三多，每天过的都是被人鄙视、谩骂、瞧不起的生活。

或许是别无他路，或许他原本就是一个执拗的人。在钢七连，许三多连用三百三十三个腹部绕环奠定了自己的位置。在演习中，他为了替班长"报仇"，死命地抓住袁朗的腿不放，最终擒到了一位中校级的俘虏。连从来瞧不上他的连长高诚都说："我从没见过一个人，对待任务就像抓住一棵救命稻草一样。"

许三多带着"做有意义的事"这样简单的想法，将内心最执着、最顽强的信念用在了钢七连严苛的训练中，用在了老 A 部队的选拔中。他自己只是在做每一件事该做、能做的事，然而，他人却在其中看到了许三多的潜能和力量。

和许三多比起来，我们要聪明许多，灵敏许多，对自己有更清楚地了解和认识，可惜，这种认识往往只限于头脑、意志的表层。好像一个医学院的高材生，当他被诊断为癌症时，同样茫然无助，不知所措。他可能了解每一个病人的心理，曾经用温情和激励帮助许多病人站起来，对于自身可能同样具有的勇敢、顽强和毅力，他却不一定那么清楚。

安东尼·罗宾曾经讲过这样一则故事：一位名叫梅尔龙的美国人，被医生诊断为残疾后，在轮椅上生活了十二年。当年，只有十九岁的梅尔龙奔赴越南参加战争，结果被一颗流弹打中了背部。回国后，梅尔龙经过了漫长的治疗，身体渐渐恢复，然而他再也不能走路了。

他每天坐在轮椅上思考未来的生活，曾经一度，他每日借酒消愁，以忘记心中的烦闷。有一天，在酒馆里泡了一天，梅尔龙决定回家睡一觉，明天再来。刚刚走出酒馆的门，他就遇到了劫匪。三个年轻人想要抢他的钱包，结果他一边抵抗，一边呼喊。他的这一举动惹怒了劫匪，他们用打火机点燃了梅尔龙的轮椅。

看着轮椅的火势越烧越旺，梅尔龙一时间忘记了自己的残疾，拔腿就跑。跑过了两条街后，他才发现，自己竟然能走了。如今，梅尔龙早已告别了轮椅，也告别了酒精，他找到了一份新的工作，开始了新的生活。

每个人的身上都蕴藏着无限的可能，就像是一个等待发掘的宝藏一般，平日里或许未被发现，或许受到了压抑。当一个人无路可走的时候，个体往往能够在客观环境的逼迫下突破长久以来的抑制状态，爆发出巨大的潜能。

农夫乔治有一个十四岁的儿子。儿子对驾驶汽车很着迷，因此常常在农场里开父亲的卡车。虽然儿子已经能够熟练地操纵这辆车子,父亲却不允许他开到公路上去。

一天,乔治坐在院子门口看着儿子在农场上开车,突然,乔治看到卡车翻到了农场边缘的水沟里。他迅速起身,跑到了出事的地方。水沟里的水淹没了半个车身,儿子则被压在车子下面,只有一部分身体露出水面。乔治毫不犹豫地跳进水沟,深吸一口气,将车子抬了起来。在另外一名救援人员的帮助下,儿子从车下被拖了出来,经过医生的检查,只是受了一点轻度的皮外伤。

当地报纸报道了这则新闻,记者对乔治在瞬间爆发出来的惊人力气感到好奇。其实,连乔治本人也感到不可思议。他虽然体格健壮,但还不至于轻易地将一辆卡车搬起。事后,他试图再次搬动一辆卡车,但是没有成功。

按照医生的解释,一个人在遇到紧急情况时,肾上腺素会大量分泌,从而让身体产生额外的能量。可是,一个人的身体真的储存有那么多肾上腺素,等待遭遇危险情况的时候分泌吗?医生也不能给出合理的解释。

心理医生分析说,人在遭遇危机的情况下,不仅身体会出现超常的反应,心理能量也会大量爆发。就像狗急了能跳墙一样,人在情况危急的时候同样能够爆发潜能。这种潜能可能是你从没见识过的勇敢,可能是异乎寻常的淡定,也可能是超越常人的智慧。

总之,任何一个人身上都藏着巨大的潜能,在紧急的情况下跳出来救人于水火。那么,你要不要试着挖掘一下这些潜在的能量呢?最后的结果可能连你自己都吓一跳呢!

不断地学习生存和死亡

英国的舞台剧导演斯蒂文·德奥瑞将迈克尔·坎宁安的小说《The Hours》搬上了大荧幕。小说的情节变化不大，却因为有了三位影后级演员的加盟，让小说的故事更加精彩了。

电影讲述了三个女人在一天之内的故事——三个不同时空的女人。

十九世纪二十年代，弗吉妮娅·伍尔芙住在伦敦郊区休养，开始写作她的最后一部小说《达洛维夫人》。这个天才的作家被旺盛的创作力支配的同时，还游走在精神崩溃的边缘。长久以来，她都在忍受抑郁症的困扰，这一天，她发现自己怀孕了，情绪再次陷入沮丧。

劳拉·布朗，一个生活在二十世纪的家庭主妇。住在洛杉矶的家里，她正在阅读伍尔芙的《达洛维夫人》。这本书改变了她的许多想法。这一天，她正准备为丈夫的生日举办派对，同时，肚子里怀着他们的第二个孩子。可惜，劳拉·布朗和伍尔芙笔下的达洛维夫人一样，萌生了自杀的念头。

克拉丽萨·沃甘，二十一世纪的出版社编辑，一个现代版的达洛维夫人。克拉丽萨居住在纽约，深深爱着她的前男友，一个才华横溢，却濒临死亡的诗人。她的朋友喜欢称呼她达洛维夫人，因为她和达洛维夫人有着一样的名字——克拉丽萨。

电影用"达洛维夫人"作为线索，联系起生活在三个世纪的不同女人。

在不同的年代、不同的女人身上，导演在讲述女性主义、女同性恋等先锋话题之外，将更多的镜头对准了人生和生活的本质。

伍尔芙给丈夫留下了一封遗书，然后在大衣口袋里装满了石头，走向了河流中央。劳拉·布朗为丈夫烤好了生日蛋糕，将儿子托付给邻居照顾，一个人来到了旅馆。在临死前，她躺在床上阅读《达洛维夫人》，做着生与死的最后抉择。克拉丽莎为前男友举办了一场晚会，当晚目睹了他跳楼自杀的情景。克拉丽莎茫然无措地看着他的尸体，不知道如何处置。

导演为三位女子安排了不同的生活，却让她们走向了类似的命运结局。表面上看，伍尔芙的自杀是因为不堪忍受愈发严重的抑郁症；劳拉·布朗的自杀是因为她厌倦了家庭主妇的生活；克拉丽莎的前男友自杀是因为他无法忍受身体受困于病魔，才华无法施展的命运。归根结底，导演带领观众探讨了一个严肃的问题：当我们看透生活之后，要怎样选择？死亡，还是生活下去？

许多人说，这世界的乐趣就在于看不透。看魔术非常有趣，觉得魔术师的技法神奇，宛如神助，解密了，知道一切都是假的，就失去兴趣了；看推理小说，案件悬而未决的时候最过瘾，看到最后，知道了结果就味同嚼蜡了；男女相爱，双方都在猜测的时候最迷人，互相追求的时候很刺激，一旦有了结果，就失去了感觉，平淡的生活更成了爱情的杀猪刀。

年轻人往往都是野心勃勃的，有自己的理想、目标、想要的生活。所有人都在期待，有一天自己真的变得不普通了，比如，从一个穷光蛋变成一个富有的人，从一个名不见经传的毛头小伙变成一个众人艳羡的社会名流，那时，就不会再烦恼于生活的琐碎、心灵的烦闷和萦绕心头的虚无感。

当人到了四十岁、五十岁时就会发现，即使已经名利双收，也无法摆脱普通的生活。家财万贯也不过是一个有钱的普通人，位高权重也不过是一个有权的普通人，没有人能逃脱有限的时间和不断衰老的肉体，更没有人能逃脱死亡，因此，钱钟书才会发出人生虚无的感慨：目光放远，万事皆悲。

生活在三亚的林之喜欢驾着小船出海。年轻时，每次他失恋的时候，失意的时候，觉得人生没有意义的时候，他都会驾着小船，驶到海中央。看着漫无边际的海水，灰蒙蒙的海岸线若隐若现，这个时候，除了生死的念头，没有什么能够干扰大脑。他说："只有这样，才能确定你是不是真的恋生。"

二十几年过去了，林之的生活三起三落。做生意失败过，被妻子、朋友背叛过，五十五岁那一年，他赢来了事业的成功，打败了多年的对手，成为了远近闻名的成功企业家。可是，他突然变得空虚起来。十几年来，他为了出一口气而活，为了取得成功而活，他努力奋斗，用心钻营，成功之后，他却开始觉得生活失去了意义。他说："这生活我已看透，毫无留恋，不如去死。"

这一天，他再次驾船出海。海面无风，他静静坐在小船上。视野内除了墨绿色的大海，空无一物。林之心想："就这样吧，一个海浪过来，打翻了船，我淹死在海里，一切都结束了。"他等了一下午，涨潮时分，海水开始翻涌。当一个不小的浪将他从小船上掀入海中时，林之本能地拼命挣扎，用尽全身力气才重新回到船上。

林之不禁笑自己："你还真是个懦夫，不过是死亡而已，难道这不是你求的吗？"过了一会儿，他突然想明白了："纵然生也无益，这身体却尚未决定死亡，或许，我的生活还没完，回去折腾几年，再来试试。"

罗曼·罗兰说："只有一种英雄主义，就是在认清生活真相之后依然热爱生活。"然而，看透生活还能继续热爱生活是很难做到的。当一个人经历了喜悦、沮丧、成功、绝望之后，生活就变成了嚼过的甘蔗渣，毫无滋味，而且令人唾弃。

除非，身体中尚且有热情存在，在一种举重若轻的状态下，不再激动，不再鄙夷，用理智控制生活，明白是非，又收放自如。这种境界并不是不存在，却实在难以达到。或许，我们应该抱着古罗马哲学家塞内加的态度："人生不断学习生存，人生也不断学习死亡。"生活的本质即是如此，我们只能在一次次看透生活本质，一次次学习死亡之后，好好地生存下去。

第二章
心理学告诉你情绪的奥秘

如何才能化解伤人伤己的暴戾之气？如何才能放下偏执的念头？如何面对我们内心的恐惧、抑郁和伤痛？音乐真的能抚慰人的心灵吗？你试过把糟糕的情绪吃掉吗？

化解胸中的那股戾气

在《凤凰非常道》的一次采访中，何东和袁立谈了许多关于做演员、演戏的话题。何东问："有人说好演员能胜任各种角色，你相信这种说法吗？"袁立回答说："我不相信，每个角色中都有演员自己的存在，就像你写书一样，最钟爱的人物中必然有自己的影子！"

袁立本以为何东要继续和她探讨演员与角色的关系，没想到他话锋一转，说了一句，"袁立，我发现你的眼里有一股戾气！"袁立下意识地问："什么是戾气？""就是一种躁动、一种霸道、一种被压抑后的东西。所以说你的角色才更饱满，悲伤可以不哭，却有更动人的力量。"他说。

采访过后，袁立在博客中说："戾气！听何东说出来，确实被吓了一小跳。都说何东老辣犀利，果然所言不虚。忘了因何而起，我确实在字典上查过这个词，但被人说破还是第一次。"

生活中的许多人，往往都带着某种"气场"生活。有的人带的是乐观之气，有的人带的是埋怨之气，有的人带的则是暴戾之气。何谓暴戾之气？查证字典得知，暴戾之气就是一种残忍、偏向极端的心理。凡事要做，必要做得狠，就像一个杀气重的人，不一定会动手打人，动刀杀人，但随时可能破口大骂，往死里骂，像是一种报复式的发泄。即使是生活中的一点小事，也偏向于非常严苛的责罚，这种人不一定罪孽深重，或者内心非常黑暗，但是身体里潜藏着一股强大的力量，随时等待爆发。当然，如果像演员袁立这般，将内心能量投射到角色身上，让角色的演出更加丰满，倒也是好事一桩；然而，当戾气深重的人被放置在社会的各个角落里，就不见得是一件功德之事了。

网络常常就是一个暴戾之气深重的地方。因为它可以将人的身份隐藏起来，变成发泄愤怒，表达观点的好地方，同时，它也是缺乏是非辨识的地方。因此，在一些地方论坛上，经常出现本地人和外地人掐架的情况，也有不同意见者互相对骂的情况。在网上，所有人要耍耍嘴皮子，骂骂娘就过去了，如果在现实中，恐怕双方都要兵刃相见了。可惜的是，很多深陷其中的人并没有自我觉知的能力，唾液的分泌随时都可能变成暴力的前奏，而身陷其中的人却依旧畅快酣然，享受着情绪发泄之后的快感。

在一个游乐场，很多年轻人都排在长龙似的队伍后面，等着坐云霄飞车。这时，一个冒充游乐场职员的男子走到门口，想要提前进入，结果被售票处的保安拦住了。男子被没收证件后，好言相求，可是，门口的保安却一脸嚣张的样子，出言不逊，数落着被拆穿谎言的男子。

面对众人的围观，男子心中压抑的怒火迅速升腾，于是他扬起拳头，将保安打倒在地。按道理来说，男子冒充职员想要"走后门"，有错在先，动手打人更是错上加错，然而，周围排队等候的人不仅没有指责男子不按规矩行事，反而为他打人的举动拍手称快。

实际上，理由很简单。排队许久的人们对保安带着不满，或者说，他们将心中的愤怒转嫁到了保安的身上，而保安的被打，则成为众人发泄心中不快的一个渠道。所谓人们身上的戾气，有时候表现出的就是自己的无能为力。挫败感、缺乏安全感导致心生恶气，自然让所有人缺乏对事情本身的思考。

凡是心中有戾气的人，往往内心极其痛苦，面对现实的无力和心中的愤怒形成强烈的对比。在没有他人介入的情况下，受制于自身的人往往将错就错，很难走出心理的困境。在普通人中，戾气总是不被人重视，大多数人甚至选择视而不见。比如，在自己身上烫烟疤的年轻人、对妻子施加暴力的丈夫、随便对人喊出国骂的路人。戾气一旦沾染到某个人身上，就会在生活中随时随地流露出来。

小荷，在十三岁之前，她都是母亲的好女儿，乖巧，懂事，性情温和。直到父亲去世后，母亲改嫁，她就变成了另外一个人。她的继父是一个整日酗酒、无所事事的懒汉，整天对邻居说，要将女儿卖掉，来换一套大房子。于是，小荷每天和继父争吵，争吵的结果就是换来一顿暴打。

挨过了漫长的五年后，小荷在外地认识了一个善良的男孩，于是迅速结婚，逃离了继父的阴影。可是，当她开始经营自己的家庭时，却表现出来和继父相似的脾气。因为性格怪异，她接连被公司辞退，在婆家，她和婆婆、小姑都相处不来，不是吵架，就是摔东西。丈夫对此苦不堪言。

孩子出生后，一家人期待着小荷能安稳地过日子，不要闹出太多的事情来。结果，她的脾气变得越来越暴戾，一不高兴就又哭又闹，严重的时候还骂人、打人。丈夫困惑不解，为什么结婚前那个温顺、乖巧的女子不见了，变成了一个疯疯癫癫的悍妇？

于是，丈夫背着家里人，求助于心理医生。心理医生分析过情况后，请求小荷的配合。经过心理剧的推演，小荷才发现，原来她将继父带给她的伤害转化成了心中的积怨，并且发泄到重新组建的家庭中。而一心爱她的丈夫、婆婆则无辜地成为了暴戾之气的受害者。

经过一段时间的心理治疗之后，小荷放弃了对继父的怨恨，慢慢变得平和起来，对生活中的事情少了愤怒，多了理解，即使和丈夫发生争执，也不会吵吵闹闹，骂人打人了。小荷的丈夫说："终于找回了最初认识的那个你。"

很多时候，充满戾气的人往往都是最初的受害者。在他们无能为力的时候，承受了过多的伤害，因此，当他们变得强大，或者进入全新的环境之后，就有可能成为新的施暴者，对更多无辜的人造成伤害。

消除每个人身上的暴戾之气，既需要改善社会的整体氛围，也需要个体用意志力来控制。即使你本身是暴戾之人，也要时刻提醒自己，保持冷静。当愤怒的恶气冲到了嗓子眼，即将爆发之时，先静下心来，深呼吸四次，将一腔怒火压下去。

另外，更重要的是保持宽容、豁达的心态。无论是家庭生活还是社会环境，都无法达到完美的程度。用真诚的态度面对，用平常心来处理，是对自己的一种修养要求，也是对他人的一种示范作用。

管住自己的坏脾气

在法庭上，法官宣布了一个杀人犯的死刑之后，给了犯人最后一个陈述的机会。他问犯人："请问，你最后还有什么话说吗？"犯人恶狠狠地对法官说："你这个伪君子，混蛋，你对我的判决不公正，你不得好死，你一定会下地狱的。"法官听后很生气，对着犯人爆了十多分钟粗口。

等到法官骂完，犯人的脸上突然露出了笑容。法官大惑不解，问他："杀人犯的人格真是低贱，被人骂还能笑得出来？"犯人平静地对法官说："法官先生，我不过是一个即将行刑的死囚而已，没有文化，干着卑鄙的勾当，还因为几千块就杀了人，可是你不同啊，你是一个受过高等教育、读过很多书、受人尊敬的文明人啊。可是结果呢，我们还不是一样，在这个庄严的法庭上大失风度，甚至破口大骂，我们不过都是情绪的奴隶而已。"听了犯人的话，法官深感羞愧，为了避免长久的尴尬，匆匆地离去。

的确，正如故事中的犯人所说，按照社会的标准比较，有人文明，有人粗俗，有人高高在上，受人爱戴，有人荒唐存世，过着卑鄙可耻的生活。可是，不管社会将人分成了什么样的阶层，在情绪面前，人人都是平等的。

对于无法控制自我情绪的人来说，任何人都是情绪的奴隶。因为火爆的脾气失掉了颜面，因为难忍的怒气丢掉了性命，因为一时气不过而做错事的大有人在。可是，他们往往都是不自知，不自觉的。冥冥中被自己的情绪引导，从而成为冲动、暴戾或者愤怒情绪下的牺牲品。

就像庭院中的杂草必须清除；厨房里的垃圾必须清理；身体上的污垢必须洗干净一样，一旦情绪出了问题，也应该马上解决，不能放任自流。每个人都应该管理好自己的情绪，重新找回心灵的宁静和归属。

在古希腊，有一个流传已久的关于"仇恨袋"的传说。仇恨袋常常出来挡住一个人的去路，如果你想把它捏扁、踩爆，然后从它的身上跨过去，那你就大错特错了。仇恨袋的特点就是捏不扁，踩不爆，而且还会越踩越大，最后变得像小山那样高，无论如何你都没有办法继续向前，只能停在原地和它不断地周旋。对付仇恨袋最好的方法就是"晾着"，也就是不去碰它，不去理它。时间长了，它就会变得越来越小，直到缩成一张纸片大小，让人轻易地玩弄在股掌之间。

其实，仇恨袋讲的是"仇恨"这种情绪，也像是讲情绪本身。对待情绪就像是对待春天的残雪。很多人讨厌它，觉得它既失掉了雪本身的美感，也让美好的春天变得劣迹斑斑。可是，你躲着它，让着它，等待太阳一点点来收拾它，过段时间你再看，肮脏不见，春日正酣。悲观地看，残雪是冬天留下的暗影；换个角度，残雪难道不是春天的信号吗？

蒂芙尼是一个脾气暴躁，情绪波动特别大的女孩。哪怕是生活中的一点点小事儿，她也会发展到和人吵架的地步。因此，她的人际关系特别糟糕，几个男朋友也因为她的坏脾气离她而去。

终于有一天，再一次的失恋之后，蒂芙尼的情绪陷入了崩溃的边缘。求助无门的情况下，蒂芙尼想到了远在西海岸的朋友杰森。她打电话向杰森求救，杰森向她保证："我一定会尽我所能帮助你，但是，首先你要让自己安静下来。这一刻让情绪安静，然后开始享受一段安静的生活。"

听了杰森的话，蒂芙尼决定尝试一次。首先，她放弃了紧张忙碌的生活，给自己放了一个长假。期间，她来到西海岸的旧金山找到杰森，杰森给她演示了一个小小的实验。他拿出了两个烧杯，分别装了一半的清水。随后，杰森拿出了两个玻璃球，一个是白色的，一个红色的，分别放到了两个烧杯里。

一个月之后，当蒂芙尼再次来到旧金山，两个人将烧杯里的玻璃球捞了出来。他们发现，那杯放白色玻璃球的水安然无恙，放红色玻璃球的水却变成了红色。杰森看着褪了色的玻璃球，对蒂芙尼说："如果这两杯清水是你周围的环境的话，那么，放入坏脾气——红色玻璃球之后，整个环境都被坏脾气感染，你自己也无法避免。你的情绪反应就是这个玻璃球，如果它传递出去的是美好的信息，你身边的人就会相安无事，否则的话，坏脾气一旦发泄到别人身上，一切都会发生变化，并且再也回不到从前。"

听了杰森的一番劝导，蒂芙尼重新思考了自己的生活。她不再任性胡为，也开始懂得三思而后行。面对糟糕的境遇，她不再是抱怨、发脾气，甚至伤害身边的朋友，而是信任自己，静观其变。生活步入了正规，她也开始了新的感情生活。一切美好的事物重新充满她的生活，而这一切，都是从抛弃那颗红色玻璃球开始的。

佛说：放下我执

在印度佛教中，有这样一则故事：一个叫黑指的婆罗门拿着两个花瓶来送给佛。佛对黑指说："放下吧！"黑指放下了其中一个花瓶。佛又说："放下吧！"黑指放下了另外一个花瓶。佛再次对黑指说："放下吧！"黑指满脸疑惑，心想："明明我已经两手空空，为什么还要叫我放下呢？"于是，黑指问佛说："我手中已经空无一物，没有什么要放下的了。"佛说："我不是要你放下花瓶，我要你放下我执。唯有放下我执，才能真正地解脱，才能真正地自在。"

在佛教中，"我执"指的是人对一切有形、无形失误的执着。人类执着于自身的一切，包括优点和缺点，于是，在哪里都放不下自我，执着于自己的想法、做法、人格，导致自我意识太强而缺乏对他人的义务和责任。消除我执是佛教徒修行的目标之一，就像故事中讲的，佛认为，没有我执的人才能获得真正的自由，才能将潜在的智慧显现出来，成为大智慧的人。

从佛理心理学看，这种"我执"似乎比西方心理学中的"固着"或者"本我冲动"更加透彻，覆盖面更广。在生活中，人们很容易依赖自我的想法而活，即执着于有个"自我"（不同于弗洛伊德讲的Ego）来区别自己和他人。因此，个人就和众生有了差别、有了对立。同时，人们还希望每个人都和自己的想法一样，将内心想法当成了宇宙的核心。而这些坚持，都带来了许多新的痛苦。如果你细心观察，生活中那些特别在乎自己的人，往往烦恼特别多，而那些看起来不太在乎，内心无私的人却活得非常快乐、自在。

我执中的"我"，其实不过是一种内心的感觉。比如，一件物品，当它不属于任何人，摆在商店里，或者丢在大街上，都和你毫无关系，你也不会因为它的境遇好坏而发生情绪波动。可是，一旦将这件物品变成"我的"，就会产生一种日夜忧患的感觉。不管是弄脏、损坏还是丢失，都变成了"我的损失"，因此造成了对我的伤害，成为一件悲观、难过，甚至心痛的事。而这一切感情、情绪的变化，都是由"我"附加上去的。

我执的执着之处，就在于任何事情一旦与我有关，就变成了切身的感受，成为生活中痛苦、悲伤的一部分。世界上每天都在发生地震、海啸和泥石流，平均每秒钟就要死掉好几个人，那些遭受灾难的人可能引起你的同情，如果你足够热心的话，还会慷慨解囊，救助深陷痛苦中的人。可是，一旦这件事发生在与你有关的人身上，比如亲人，比如恋人，一切都变得不同了。

即使是一起普通的事故，也会因为"我"的参与，变成了世界上的头等大事。因为在这个偌大的世界里，每个人依赖着周边的人际关系，组成了一个小的世界。和大世界的灾难相比，这个小世界的任何人出问题，都是小世界的大灾难，这样的话，又怎么能不是天大的事情呢？

从前，在一个庄园主的家里，养着一群失去自由的奴隶。其中有一个小男孩，他和他的父亲一样，从出生就是奴隶。等他长大一点之后，他就被庄园主安排在磨坊拉磨。这一干，就是六十多年。

当他从一个活蹦乱跳的小男孩，变成一个满嘴没牙的老奴隶时，解放奴隶的法律获得通过，举国上下开始解放黑奴。庄园主不得不放了他，还给他作为人的自由。那天，庄园主对他说："从今天起，你自由了，走吧，去你想去的地方。"

老奴隶听说自己获得了自由，高兴得差点昏了过去。谢过庄园主后，他和其他的奴隶纷纷告别，准备开始新的生活。老奴隶在众人的目送下走出了主人的庄园，可是，他没走多远，就跪在地上，仰天大哭，因为他突然发现，自己根本没有地方去。

对于老奴隶来说，庄园就是他的小世界，庄园主和没日没夜的拉磨生活就是他世界的组成部分。任何一个在自我世界中生活自如的人，都无法接受整个世界的陷落。老奴隶对旧式生活的依赖，也是一种我执。

实际上，我执的烦恼都是由"我"开始的。一切和我相关，因此世界上的事物都罩上了神秘的色彩，因个人而变得神圣。然而，这一切的坚持不过是一种幻觉，就像沙漠中人对海市蜃楼的追逐一般，除了让自己痛苦，没有任何益处。

张远是一名普通的公司职员，他的工作能力不错，就是脸上常常愁云密布。一切都源自他过分在意别人的看法。

每一天，他都早早起床，洗脸刷牙，装扮自己。他要求自己衣着体面地出现在公司同事面前，说话得体，做事有礼。即使这样，他仍然认为自己做得不够好，他说："我一直希望能把工作做得更好，从而得到别人的肯定和好评。"

带着这种心理预期，他每天都神经紧绷，表情严肃，不苟言笑。这种自卑的心理像一只噬咬心脏的虫，始终盘踞在他的心头，以至于他整日地失眠、紧张、焦虑不安。

心理咨询师问他："你有没有留意，办公室里的同事是不是能力和你差不多？"张远说："应该差不多。""那他们有像你这样焦虑吗？""好像没有，我看他们每天都很轻松，过得很开心。""那就是你太在意自己了！"心理咨询师说，"现在呢，我们将工作能力和他人评价分开。你的工作能力和同事差不多，但是，对他人评价产生期待，或者说，对他人眼光过于在乎的只有你一个。你将这种心理变成一张生存的面具，而且，你整天都戴着它，让自己没有喘息的时间，所以你才如此痛苦。"

"那我该怎么办呢？"张远问。"其实很简单。"心理咨询师回答说，"只要你摘下这张面具，面对真实的自己。犯错就犯错，犯错的你也是你。只有你坦诚地接受了一切，就不会如此执着，也不会如此痛苦了。"

如果我们能够放下心中种种牵挂，放弃心中那些剪不断、理还乱的念头，去除"我"的干扰，世间的悲欢离合就会从个人的悲剧变成客观的规律。就像有人说的："我对这个世界彻底失望了！"实际上，世界本来就是这个样子，根本不是世界错了，而是这个人本身错了。坦然地接受，就不会有痛苦，也不会有挣扎，就像人们接受花开花谢和草木枯荣一样。

走出抑郁的阴影

　　总是有些时候，整个人都变得懒洋洋的，不愿意起床，也不想出门，对什么事情都提不起兴趣，和身边最亲密的朋友都变得没有话说，严重时，甚至头痛，背痛，脑子迟钝，感到身体疲乏。有人怀疑说，我不会是得了抑郁症吧？没错，这的确和抑郁有关，但还没严重到抑郁症的程度。如果你最近出现了以上的这些症状，只能说你沾染上了抑郁的情绪。

　　生活中总是有工作不顺、感情不顺或者遇到偶然性事件的时候，这些繁杂的事物让人分身乏术，铺天盖地的压力也把人压得喘不过气来。如果人的情绪纾解不畅，很容易就感染了抑郁的情绪。一旦被抑郁情绪缠上了，原本活在重压之下的人就容易变得悲观，凡事都会往坏处想，越来越觉得心情不快，越来越觉得自己没有价值，再发展下去，不仅情绪上痛苦煎熬，身体上的病痛也会赶来凑热闹。

　　最近，老陈的胃病又复发了。去医院检查时，医生看了一下他的气色，又看了他的病历，最后，内科的医生建议他去看精神科。老陈心想，我胃痛，看什么精神科啊？带着心中的疑惑，老陈来到了精神科。

　　心理医生询问了最近发生在老陈身上的事，最后确诊他的胃痛是抑郁情绪的一种表现。原来，老陈两个月前从单位正式退休，开始了赋闲在家的生活。原本整天忙碌，不是开会就是下乡调研的老陈，一下子打乱了生活的节奏，整天闲来无事，竟然不知道日子怎么过了。

两个月里，老陈哪里都没去，整天坐在卧室里听京剧，在老伴儿的催促下，他才勉强下楼，到小区旁的公园里坐一会儿。长期的封闭生活，让老陈看起来越来越没有精神，原本周末还会约上几个球友到老年人活动中心打会儿羽毛球，后来去的次数越来越少，最后干脆放弃了。

老陈的老伴儿说："自从他退休啊，整个人就变了一个样。一天天地没有一句话，看见孙子来了，也没有以前那么高兴了。原本还整天在房间里听京剧呢，后来什么都不做，干脆就整天躺在床上。"

根据医生的判断，老陈完全是由于不适应退休生活导致的情绪抑郁。医生建议说："既然您喜欢听京剧，还喜欢打羽毛球，不如参加一些老年社团，每天和朋友们锻炼、学习，给生活找点乐趣，很快就能走出抑郁状态，胃病也不会再犯了。"

一旦有了抑郁的情绪，首先是要学会自我调节。比如尝试在工作中寻找乐趣，在生活上寻找寄托，尽量让自己放松，将目标放在触手可及的地方，每天有思考，有行动。除此之外，国外的一项心理研究显示，有氧运动也可以帮助人们消除抑郁情绪。对于抑郁症患者来说，适量的有氧运动甚至比抗抑郁药更有效。

运动会刺激大脑产生内啡肽，这是一种令人愉悦的物质，能让人体验到快乐。而且，运动可以转移注意力，从而让运作不停的大脑专注在眼前的事情上，摆脱负面的情绪。

在《英国运动医学杂志》上曾经刊登过一篇文章：来自德国柏林的医生追踪了罹患重度抑郁的病人，发现药物对他们的病情作用不大，反而是适量的运动改善了他们的情绪。

研究人员请这些患者每天在跑步机上运动半个小时，在十天的时间里，运动量逐渐增加，研究人员同时评估患者的情绪变化。结果，有六名患者的情绪大为改善。作为对比组，另外一组的患者接受药物治疗，不做运动，结果，对照组的情况没有任何变化。

其实，不管是抑郁症，还是抑郁情绪，都有一个共同的特征，就是全身无力，没有精神做事情。运动正好可以调节人的运动神经，通过消耗热量来改善体能。同时，运动中的自我掌控感会帮助患者重新树立对自己、对生活的信心，情绪状况自然得到改善。

告别抑郁情绪，另外一个有效的方法就是利用社会支持系统。所谓社会支持系统，就是我们身边的亲人、朋友、同事。一个对自己失去信心的人，如果能够及时地从支持系统中得到鼓励，就不容易陷入严重的抑郁情绪中，还有可能因此而好转。

李涉曾经有一首名叫《登山》的诗，诗中这样写道："终日昏昏醉梦间，忽闻春尽强登山。因过竹院逢僧话，又得浮生半日闲。"在前两句中，诗人表达了自己的情绪状态：整日昏昏沉沉，好像处在半梦半醒之间，因为忽然听说春天即将过去，才勉强自己去登山。由此可见，诗人此时带着典型的抑郁情绪，对生活缺少期待，浑浑噩噩地度日。

幸运的是，诗人在路过竹林中的寺院时，和寺中的僧人简单地聊了一会儿。这番交谈让原本心情郁闷的诗人体会到了难得的清静与悠闲，并且获得了心理上的解脱。从心理学的角度看，改变诗人心境的这番交谈，就是社会支持系统起的作用。

曾经有一个杂货铺的小老板，他一口气买了一百张彩票。老板的妻子知道后，大发雷霆，觉得小老板做了一件非常愚蠢的事，并且要求他尽快处理掉这些永远不可能中奖的彩票。

无奈之下，小老板找来了他的朋友，请求他们的帮助。几位朋友都非常慷慨，买下了小老板的全部彩票。谁也不曾料到，其中一个朋友分得的号码竟然中了大奖。朋友将这个好消息告知了小老板，结果，小老板的妻子却一下子病倒了。

小老板请了许多名医为妻子治病，结果都无功而返。当小老板请到城里医术最高明的医生时，医生说："心病还须心药医，这个病不是由我来治，而应该由你来治。"小老板这才明白，原来妻子是因为朋友的那张彩票中了大奖才生病的。

再一次无可奈何，小老板去找朋友，请求他将那张中奖的彩票卖给他。没想到，朋友竟然二话没说，直接将那张彩票还给他了。拿回来彩票，小老板妻子的病立刻就痊愈了。

直面内心的恐惧

当你是个孩子的时候，是否非常害怕黑暗？你是否害怕蟑螂？当你牵着妈妈的手逛商场时，是否非常害怕人群把你们冲散？即使当你长大了，独自一个人在家的时候，外面漆黑一片，突然的一阵脚步声，或者楼梯口的门被狠狠地关上了，发出了"砰"的一声，你是否一下子心跳加速、呼吸变得急促，甚至全身肌肉都进入了紧张的状态？

每个人都有过恐惧的经历，可能有的人不害怕蟑螂，但却会对跳动的蟾蜍感到惊恐。即使是自称胆大的人，也会有其感到恐惧的东西，比如蛇、老鼠、高处和水。这些引起恐惧的状态或者物体，好像成为了人类的一种共性，是所有人的共同点。

实际上，分析那些引起人们恐惧的东西，它们都有一个共同的特点——危险。当人面对蛇、老鼠、高处和水时，身体会本能地出现一种"对抗或逃避"的状态，这是任何生物在面临危险时出现的本能反应。有时候，即使没有危险发生，人们也会对一种即将发生的状况产生类似的反应。

心理学的研究证实，这些反应是人类在进化的过程中习得的反应，"对危险的恐惧"让人类更好地生存了下来。试想一下，如果你负责人类的进化过程，是否就会想尽办法，让人类得以在充满猛兽毒蛇的环境中生存下来？那么，你是否会让人类尽量远离那些危险的事物，即使遥远的、尚未发生的危险，也要小心警惕？实际上，进化过程中，充当"命运规划师"这一角色的正是人类本能中的恐惧。

在一项关于怕水儿童的研究中，研究者发现，77%的被试在第一次面对池塘或者湖泊时，都会感到非常害怕。而且，被试的居住地离水域越远，怕水的比例越高。另外一项关于儿童怕高的跟踪研究显示，那些怕高的成年人在童年期并没有发生从高处坠落，或者在高处受伤的事。他们是本能地怕高。

如果人们对外界环境不感到恐惧，根本没有办法安全地生存下来。比如，走在车辆疾驰的马路上，如果你不对随时可能被车撞到的危险感到恐惧，就会恣意地在大街上行走，横穿马路，甚至在车流中奔跑。同时，如果没有对咬伤、中毒、甚至死亡的恐惧，你就可能毫无防范地和毒蛇相处，甚至和它成为朋友。因为有着对危险事物的本能恐惧，使得人类能够一代一代地生存下来，即使有些时候，人们对这种本能的反应并不自知。

在现代社会中，人们恐惧的东西日益增加，除了对危险环境，对野生动物的恐惧之外，人们还会害怕飞机失事，害怕自然灾害的降临，甚至害怕突然爆发的某种病毒夺走自己的生命。有趣的是，在人类文化的发展中，人们一边担忧着生活中一些可知或不可知的恐惧，一边享受着恐惧带来的兴奋感。这一点，从恐怖电影的盛行、极限游戏的流行可见一斑。

喜欢看恐怖电影的人，都知道恐惧带来的那种兴奋感；喜欢玩蹦极的人，也特别享受那种从高空坠落，仿佛面对死亡的快感。一位心理学家曾经做过一个关于恐高的实验，用来研究恐惧产生的吸引力。

实验者将被试分成了两组。一组男性被试走过一座悬在七十米的高空，长一百三十七米的吊桥，另外一组男性被试走过同样高度、同样长度，但是相对稳定的另一座吊桥。也就是说，第一座吊桥会让男性被试体验到恐惧，另一座吊桥则不会。

在每一座吊桥的尽头，实验者都安排了漂亮的女被试（实验助手）等待着男性被试。女被试向男性被试询问一些问题，并留下自己的电话号码。结果发现，在走过第一座吊桥的男性被试中，有九位给女被试打了电话；走过第二座吊桥的男性被试，只有两个人给女被试打了电话。实验者得出结论：恐惧状态会增强人的吸引力。

心理学家曾经说过，愚昧是产生恐惧的来源。当人们面对自身无法解释的现象时，都会产生恐惧的情绪。比如，小孩子会受到老年人的鬼故事影响，害怕野地里的"鬼火"，以为是鬼神之类的神秘力量在操控火苗。当孩子开始接受教育，看到了关于"鬼火"的科学解释——那不过是尸体释放出的磷化物自燃的结果，自然就会从心底消除恐惧了。

战胜心中恐惧的方法，其中之一就是学习科学知识。当人们能够对事物或者场景有更深入的了解，透过事情的表象看到本质和规律，就能轻松地消除心中的恐惧。在心理治疗中，有一种治疗恐惧症的方法，叫做系统脱敏。心理医生会通过循序渐进的方式，让来访者接触、了解他所恐惧的事物，从而消除来访者的恐惧症状。有人对毛毛虫、青蛙或者各种小型的爬行昆虫感到恐惧，不妨采用系统脱敏的方法，一点点地靠近，慢慢地了解。经过观察和实践，就会增长见识和胆识，不必要的恐惧也会随之消失。

另外，如果是对人、对失败、对被拒绝的恐惧，则需要不断地提高自身的心理素质，鼓励自己，直面现实。这种心理上的恐惧一般来自隐藏的自卑感，因此，不要忘了常用积极的心理暗示，告诉自己说，"我能行，我很棒"，当心情变得淡定，说话也开始轻松起来时，恐惧就消失得无影无踪了。

新闻记者李慧刚刚开始采访生涯时，始终无法摆脱害羞、怕生的心理，遇到采访对象时，都是她在纸上写问题，同事小张帮忙提问。她的问题总是非常尖锐，频频触到事情的关键，但是她永远都不开口，因此丧失了许多珍贵的采访机会。

一次，同事小张生病请假，而上司要她去采访当地高级法院的徐法官。李慧害怕极了，连说："不行不行，我又不认识他，他是不会见我的。"

上司生气地说："你的访问提纲我看过了，非常好，可是，不能每一次都要别人帮你提问吧，你总有独立面对采访者的一天啊！""再等等吧，我现在还没准备好！"李慧怯生生地说。

上司没有理她，当即拿起电话，打到了法官的办公室，说："你好，我是民生报的记者李慧，奉命采访徐法官，不知道他能否给我几分钟时间？"李慧站在电话旁边大叫道："您怎么能报我的名字？"这时，电话那头传来了答复："今天下午三点。"上司说："李慧，你的第一次访问约好了。"李慧哭笑不得，只好硬着头皮赶往现场。

多年之后，当李慧成为一个优秀的社会问题记者，并且多次当选年度最佳记者，她对采访她的记者讲述了这个故事，"当我一个人坐在法官面前，大声地提出第一个问题时，我终于战胜了内心的恐惧。那一天，是我所有的采访中，最窘迫的一天，也是我职业生涯中最重要的一天"。

给伤痛一个出口

在一片刚退潮的海滩上，一只螃蟹和两只蚌开始了午夜漫谈。

一只蚌对另一只蚌说："我每时每刻都感到非常痛苦。""为什么呢？"它哀怨道："有一粒沙子进入了我的身体，而且好不安生地滚来滚去。它每动一次，我就浑身剧烈地疼痛，一天都无法安息。"

另一只蚌感慨地说："你应该感到庆幸才对。要知道，当你驯服了沙子，将它变成你身体的一部分后，它就会变成一颗美丽的珍珠，从此以后，你就不再是海滩上一只普通的蚌了，你会身价倍涨，还会受到人类的称赞。"

第一只蚌说："我宁愿不要那份浮华的荣誉，像你一样，享受轻松和快乐。看到那颗璀璨珍珠的人，只会羡慕珍珠的光泽，有谁会想过我的痛苦呢？"

听到两只蚌的对话，躲在石头下面的螃蟹开口了，它说："你们都不要互相羡慕了！既然沙子已经在你的身体里了，就坦然地接受这份痛苦吧，至少，你会因为这段短暂的疼痛而变成永恒的珍贵。至于没有经历痛苦的你，也不用羡慕别人了，在尚且没有沙子的日子里，好好地享受这份轻松和快乐。日子这么开心，有什么好羡慕，又有什么好悲伤的呢？"

螃蟹的话说得非常好。常言说，世上本无事，庸人自扰之。人们常常感到悲伤，感到痛苦，除了追寻错误的东西，就是自寻烦恼。看不到自身的优点，只知道去羡慕别人的好处。殊不知，当你在艳羡他人悠闲的时候，别人可能在羡慕你的充实。就像卞之琳在诗中写的："你站在桥上看风景，看风景的人在楼上看你。"任何人都有可能成为别人眼中的风景，任何人都有值得他人羡慕的地方，与其暗自神伤，不如开心过活。

因为《卧虎藏龙》一片享誉国际影坛的导演李安，在成名之前，曾经度过一段漫长而艰难的岁月。

从大学毕业之后，李安没有顺利地开始他的事业，反而陷入了失业的窘境。在长达六年的时间里，李安除了偶尔到一两个剧组去帮帮忙，照管一下设备之外，其余时间都赋闲在家，成为了一个标准的家庭妇男。

那时候，全家的生活都依靠妻子微薄的薪水。他只能包揽所有的家务，负责买菜、做饭、带孩子，以此来缓解内心的愧疚。李安曾经笑谈过这段往事，他说："我想我如果有日本丈夫的气节的话，早该切腹自杀了。"

在此期间，他也看了大量的剧本，开始阅读、看片、收集材料。当他仔细研究了好莱坞电影的剧本结构和制作方式后，试图将中美的文化结合起来，创作一些新的作品。根据他自身的成长背景，李安相继写了三部关于家庭的剧本，分别是《推手》《喜宴》和《饮食男女》。在这个"家庭三部曲"中，李安诠释了在西方文化冲击下的华人家庭和中国的传统文化。随后，三部作品的相继成功，也为他迎来了在好莱坞拍片的机会。

在张靓蓓编著的《十年一觉电影梦》中，作者用李安的第一人称口吻写道："当晚七点多飞抵纽约，没想到车还没到家门口，远远就看见家里灯光通亮，原来太太带着儿子已经在家等我回来了。家的温暖，治好了我的杀青忧郁症；家，也是我做收心操的地方。"

其实，无论多大成就的人，都会有那么一段忘不了的伤痛岁月。有的是理想无法实现的痛；有的是爱情无法圆满的痛；有的是远在异乡，思念亲人的痛；有的则可能只是简单的触景生情，在今天的某个时刻想起了过去的伤心往事，产生了悲伤的情绪。

当然，事业的成功可以弥补失意的伤痛，婚姻的幸福可以弥补失恋的伤痛，可是有些伤口，好像在时间中变成了记忆的伤口，即使愈合了，还留着硕大的一个疤痕，让人想忘也忘不掉，想丢也丢不下。这个时候，人们就需要给悲伤的心灵寻找一个出口，将沉积的伤痛发泄出去。

曾经有一个女孩，因为出车祸，撞坏了眼睛，从此变成了一个盲人。因为无法接受残酷的现实，她变得脾气暴躁，怨恨身边的所有人。渐渐地，她失去了朋友，失去了一切，她变得一无所有。这时，身边的一个男孩始终没有离开她，每天照顾她，陪着她经历每一次痛苦的挣扎。后来，他们成为了男女朋友。男孩带着她用手感受阳光，感受风，感受雨水的洗涤。女孩觉得，如果可以一直这样下去，她已经很幸福了。

有一天，男孩对女孩说："如果我向你求婚，你会答应吗？"女孩点了点头。男孩又说："如果有一天，你的眼睛好了，你还会答应吗？"女孩再一次点头答应了。没过多久，女孩得到了眼角膜的捐赠，重新见到了光明。可是，她却发现，男孩是一个盲人。

没过多久，男孩真的向女孩求婚了，可是女孩拒绝了。男孩没有任何抱怨，在离别之前，他只对女孩说了一句话："请照顾好我的眼睛！"这时，女孩才知道，原来她的眼角膜是男孩捐赠的，而她，已经彻底伤了他的心。

看起来，快乐总是很难寻觅，悲伤又是那么轻易获得。然而，治疗悲伤却不是那么轻而易举。告别悲伤的出路有很多种，有的人躲在回忆里反复咀嚼，当日子变成回忆，回忆变成日子，也就无所谓开心和悲伤了；有的人则选择告别，去哭诉，去旅行，去逃离原本受伤的地方，重新开始一种新的生活。

其实，在所有的方法中，最直接的方法就是面对。如同面对自己的不完美，面对自己的错误一样，坦然地面对此刻的悲伤心情。如果找不到发挥才能的机会，就安心地过平淡的日子；如果找不到知心的爱人，就计划好一个人的生活；如果遭到背叛，就接受这一伤害，因为那个选择主动背叛的人才是真正的弱者。

在北美洲大陆南部的危地马拉，生活着一种叫做落沙婆的小鸟。这种鸟要经过七天七夜的艰难挣扎才能下一个蛋，难产的落沙婆无以排解痛苦，只能彻夜不停地鸣叫。没有人能解救它的痛苦，因为一切都是自身存在的命运。

七天七夜之后，鸟妈妈的辛苦换来了可喜的成果。生出来的鸟蛋非常健康，蛋壳特别坚硬，因为这样，幼鸟孵出来也会更强壮，更健康。作为一个母亲，落沙婆用七天的痛苦换来了孩子的健康，而那彻夜不停的哀啼，则是落沙婆唯一释放肉体痛苦的方式。

正如但丁在《神曲·第十三歌》中写道："哈比鸟以他的树叶为食料，给他痛苦，又给痛苦以一个出口……"受啄是痛苦的，但却给了原有的痛苦一个流淌的出口——以皮肉之苦来释放内心的痛苦，痛苦之深可见一斑。人类的痛苦未尝不是如此，用一种面对时的痛苦来释放原本的伤害之痛，虽然一时让人无法承受，却是对自己彻底的救赎。

失望也是一种幸福

从前，一只狼出去找食物，奔波了一天都没有收获。在回家的路上，它路过了一户人家的门口，听见房间里孩子的哭闹声。狼心想："这不正是美味的一餐吗？"它在门旁等待着，伺机进入房间，这时，一位老太婆走到哭闹的孩子身旁，对他说："别哭了，如果你再不听话，奶奶就把你扔出去，喂狼吃。"孩子一听，哭闹得更加起劲儿了，狼则心中大喜，蹲在不远处等待从天而降的食物。

狼等啊等，一直等到太阳落山，也没见到老太婆将孩子扔出来。狼饥肠辘辘，已经等得不耐烦了，他转到房子的后面，准备闯进去，抢走躺在床上的孩子。它刚要起身，又听见老太婆说："快睡吧，别怕！如果狼来了，奶奶就把它杀死，然后煮来吃。"狼一听，吓得浑身发抖，一溜烟儿跑回洞穴里了。

出去一天，狼群的伙伴问它有何收获，狼忍不住叹气说："别提了，我今天遇到了一个说话不算数的老太婆。她原本说要把她的孙子扔出来给我吃的，结果我等了一天，也没有见她行动，最后她还说要杀了我，然后煮了吃，幸好我跑得快，否则就没命了。"

狼原本可以潇洒自如地继续寻找食物，却因为老太婆一句无心的话，心生了期待，从此也受制于人，让自己丧失了意志的自由。和狼相比，人的追求、期待实在太多了。有时候，人们想要得到某件东西，得到之后还想要更多，贪念永无止境，然而，失望也常常乘机侵袭，让人防不胜防。

"期望越大，失望越大"，这句话已经被人说过无数次了，可是，如若事情不是发生在自己身上，谁都无法说清其中的真正感受。每个人对于内心想要的东西，总会提前在心里做个铺垫，定下标准，于是便成了一种期望。和现实状况相比，心理预期总是要高出很多，因此，当期待被美化，超过了现实可能达到的高度时，失落必定不期而至。

一向自以为优秀的宋昂，曾经和一位非常优秀的女生约会。见面之后，宋昂对其颇有好感，几个小时的聊天之后，他更加觉得"老天有眼，终于让我等到那个对的人了"。女生斯文有礼，谈吐清新，亲切热情，又很理智。一切的一切，都太符合宋昂对一个女生的期待了。

他们聊天的内容很丰富，几乎是将两个人的人生观、价值观都拿出来交流了一遍。宋昂惊奇地发现，原来，他们的思想竟然有如此之多相合的地方。自诩进入成熟行列之后，宋昂早已不相信一见钟情，更不会轻易陷入到缥缈的感情中，可是，和她分别之后，心中却升起了强烈的期待。期待收到她的信息，期待听到她对自己的印象，听到她关于期待下一次约会的心情表达。然而，电话铃声一次次地响起，最后都以失望告终。

按捺不住内心的冲动，宋昂拨通了她的电话，第一次她以公司加班走不开为由拒绝了他，第二次因为朋友有事走不开，到了第三次，她不想再浪费彼此的时间，干脆说出了内心的真实想法。在对方挂断电话的那一刹那，宋昂突然想问，难道我们不是很谈得来吗？为什么结果是如此地南辕北辙？难不成，这一切的心动和期待都是一个人的自说自话吗？

陷在回忆中的宋昂开始一遍遍地回想当时的细节。每一句话，每一个字，在画面回放中，他审视自己是否表现欠佳，是否曾经说过一句错话？结果都是否定的。可是，她的笑容算什么？她轻松、愉悦的表现算什么？

如果一切都不带感情色彩，那都是她良好修养的表现吗？假装欣赏，假装开心，为了照顾对方脆弱的自尊心吗？

宋昂一边回想着，一边哼起了黄磊的歌："有谁孤单却不祈盼一个梦想的伴，相依相偎相知，爱得又美又暖。没人分享，再多的成就都不圆满；没人安慰，苦过了还是酸……"反反复复地吟唱，他不仅潸然泪下，不仅仅是为了这一次从满心期待到大失所望的怦然心动，更多的是为了人世的感伤，为了不可名状的内心酸楚。

试问，一个人能为了心中的目标升起多少次期待，又能为了不尽如人意的结果承受多少次失望？如果仅仅用尚且能够失望代表我心未死，难免太过疼痛，太过悲哀了。然而，有谁能保证，下一次，再下一次，不再是如此的循环呢？

人们常说：因为有所期待，所以才会失望，如果没有了期待，是不是就不会有失望？张小娴也说："失望，有时候也是一种幸福，因为有所期待，所以才会失望。因为有爱，才会有期待，所以纵使失望，也是一种幸福。虽然这种幸福有点痛。"或许，我们应该鼓起勇气，敞开滴血的伤口，一次次地迎接期待、失望、希望的过程。因为这是生命存在的一种形式，也是爱存在的一种形式。

用音乐抚慰心灵

所有人身上，每天都会出现各种情绪，痛苦、孤独、无聊、疲惫、绝望……有的人在生气，为什么自己的努力没有获得期待中的结果？有的人在抱怨，为什么走在路上被人撞，开车被人抢，排队还会被人插队？有的人失望，为什么心烦意乱，想要找朋友安慰一下时，对方永远听不懂你在说什么？当你被坏情绪包围时，你是憋在心里，还是发泄出去？

如果憋在心里难受，一时间又找不到发泄的途径，那么听音乐吧！人在心情烦躁的时候，听一听舒缓的音乐，往往能够放松情绪；人在愤怒的时候，听一听那些重金属摇滚，如果恰好能够和演唱者一起嘶声呐喊，则会起到更好的调节作用。

情绪糟糕的时候，有的人喜欢去嘈杂的环境中寻找安慰，比如酒吧、KTV。相比于安静的角落，嘈杂的环境能让人产生一种心理上的安全感，有利于将不良情绪宣泄出来。尤其在 KTV 嘶吼了几个小时之后，常常能收获意想不到的轻松感受。这正是调节情绪的方法之一：发泄法。

当然，有人喜欢在音乐中宣泄愤怒、悲伤或者郁闷，也有人喜欢在音乐中寻找快乐。常年以音乐为伴的人深有体会，在空荡荡的房间中，如果唱片里回响着浅唱低吟，或者一段简单的音乐，原本没有着落的情绪就像找到了寄托之物，内心也会感受到强烈的安全感。

在疗养院住着一位在音乐中寻找快乐的人——张志明。他已经在世上奔波了大半生，后来遭遇车祸，造成下半身截瘫，后半辈子只能在轮椅上度过。他的孩子们纷纷移民，留他一人孤独生活。

疗养院的日子舒适，但是无聊得很。身边的人都在抱怨自己的不幸，要么打牌、下棋，要么一个人待着，张志明则选择了音乐。不管他做什么，不管他去哪里，一定要有音乐相伴。

实际上，张志明并没有什么天分，只能说喜欢听音乐，喜欢唱歌而已。上小学的时候，他曾经参加过学校的文艺队，代表学校到市里参加过演出。随着年龄的增长，他走出校门，上山下乡，回城进厂，结婚成家，人生的路上不断添加责任和担子，但他从来没有放弃过音乐，也没有忘记过唱歌。

在车间操作机床时，在教徒弟手艺时，在送儿子上学时，张志明都要哼上两个小曲儿，与其说是唱给别人听，不如说唱给自己。几十年过来了，张志明经历了生活中的波折，却从来没有忘记音乐这个朋友。当他下岗时，他会学着刘欢的腔调唱《从头再来》；当他从昏迷的状态醒过来，得知自己失去了行走的能力时，他在心里面唱的是《一无所有》。音乐陪他度过了一蹶不振的日子，也陪他度过了日后一个又一个孤独的年头。

如今，他的音乐造诣依旧没有达到什么程度或者水平，也没有认真拜老师学习音乐的技法，但是，他学会了在网络中寻找好听的声音，并且将每一次欣赏音乐的心得分享给所有网友。在聆听美妙的乐曲、歌声的同时，他忘掉了命运的不幸，找到了自己的快乐，也找到了生命意义之所在。

说起来，什么算是音乐呢？对于一个纯粹的欣赏者而言，任何使自己感到精神愉悦的声音都是音乐。虽然欣赏者只能算是音乐领域的门外汉，却不代表他们只能被动地等待音乐来调动情绪。相反，所有人都倾向于在合适的情绪下听相应的音乐。

心情烦躁时，轻音乐是情绪的舒缓剂。比如班得瑞的自然音乐、恩雅的新世纪音乐、卡洛儿的吟唱、爱尔兰风笛的田园之声……闭上眼睛，认真听吉他的每一次拨弦，风笛的每一次变奏，随着情景的变化，聆听者仿佛进入了高山之巅、蓝色大海、雪中森林、花间溪旁等境界，在采撷大自然的交响时，心灵也得到了片刻的安宁。感到颓废时，不如听听贝多芬的系列交响曲，在英雄主义的伟大乐章中，走出情绪的阴霾，重新找回精神的力量。

音乐如同世界上其他美好的事物——绘画、雕塑或者文学作品一样，常常令人心生尊敬，将其束之高阁，虔诚供奉。然而，在大多数时候，不仅音乐对人身心的疗养功效不为人知，人们连欣赏美好音乐的基本时间都没有。

在华盛顿的地铁站里，约夏·贝尔站在过道里，并且在地上放了一顶口子朝上的帽子。他像一个街头艺人一般，连续演奏了六首巴赫的作品。

在拥挤的地铁通道，不到一个小时的时间，先后有两千人经过他的身旁，却没有人认出他是世界上最伟大的音乐家之一，也没有人听出来，他演奏的巴赫作品是音乐史上最复杂的乐曲，而他用的小提琴，则是一把价值三百五十万美元的顶级小提琴。

在约夏·贝尔演奏近三分钟时，一位衣着体面的中年男子停下脚步，站在约夏·贝尔的身边听了几秒钟。他看出来眼前这位不是一位简单的街头艺人，更像是一位音乐家，但是他还有更重要的事情要做，于是急匆匆地继续赶路了。

四分钟后，约夏·贝尔收到了一美元。它来自一位女士之手，可惜她并没有停留，放下钱就继续赶路了。六分钟时，一位小伙子倚在墙上倾听了一会儿，随后看看时间，好像是要参加会议，急忙离开了。十分钟时，一位小男孩停了下来，他看了一眼约夏·贝尔，却被妈妈拉扯着走远了。小男孩忍不住内心的好奇，在前进的过程中不断地回头，最后，他难耐大人的力量，乖乖地离开了。在四十五分钟里，约夏·贝尔共收到了三十二美元。没有人知道，这位在地铁里演奏的艺人，刚刚结束了一场剧院演出，演出的门票平均要花两百美元。

其实，约夏·贝尔这位伟大的音乐家之所以会出现在地铁里，是为了配合当地一份报纸发起的活动。实验结束后，媒体向大众提出了几个问题：在普通的环境、不适的时间里，人们能感知到美吗？如果能感知的话，谁会停下来欣赏？实验的结论是，即使是世界上最好的音乐家演奏着最出色的音乐，如果人们连停留都做不到的话，那么，在匆匆而过的人生中，又有多少美好的东西被错过了呢？

在花红柳绿中陶冶性情

张爷爷退休在家后，将他年轻时对花草的爱好发挥到了极致。他不仅着迷于盆景，在家里养了各种各样的盆栽，每个星期还要到花鸟市场去，搜罗难得的种子，然后种到自己的阳台上。他更是花了几年的时间，将一盆火棘修理成形，准备参加市内的园艺展览。

说起和花花草草的渊源，就要从张爷爷年轻的时候讲起了。年轻时，张爷爷就是一个平和、安静的人，喜欢在阳台上养几盆花，闲来无事，浇浇水，剪剪枝。张奶奶说，最有趣的是，年轻时，他们吵架，张爷爷竟然会对着一盆花说老婆的坏话。

可惜，自从家里有了孩子之后，他的花花草草常常死于非命。不是因为孩子过于热心，浇水太多涝死了，就是在小孩子疯闹时被压断了枝，最后，张爷爷索性放弃了所有的盆栽，再也没有在家里养过。直到孩子纷纷长大离家，自己也退休了，闲来无事，就将这一年轻时的夙愿当成了生活的重心，精心修饰，好像对待儿时的孩子一般。

为了让他的花能够吸收到足够的阳光，张爷爷一家从原本的三楼搬到了顶楼，而且，他还做了很多铁架子，将家里的几十盆花都搬到了天台。张爷爷在心里计划着，"我以后要在天台盖一个玻璃花房，种更多的花，还要邀请邻居来参观"。

从此以后，张爷爷每天的生活都是和花草一起。只要有时间，张爷爷就会跑到楼上弄盆景，给花草浇水，施肥，修剪枝丫。常常一待就是几个小时，都不会觉得累。当有人问他，"每天对着不会发声，不会说话的植物，您不会觉得闷吗？"张爷爷说："你怎么知道它们不会发声，不会说话呢？我曾经听到过花开的声音呢！"

观察身边的人，但凡喜欢养花的人，好像都有一种与生俱来的恬静气质。他们性情温和、淡泊，在给花草精心照顾的同时，也不断让身心得以生长。好像那花，就是一种氛围，一种心情，在任何一个平淡的季节里，带给他们温馨和喜悦。所谓孤独到了极点，就能听到内心的声音，那是一种恬静到极致的愉悦，却不足为外人道也。

花是什么呢？原本不过是土地上生长的若干植物之一，因着美丽的花瓣、雪白的肌肤、幽远的香气，让人们将内心对美好的向往投射在它们的身上。因此才有"出淤泥而不染，濯清涟而不妖"的诗句，才有"傲骨梅无仰面花"的说法。与其说人赏花，不如说人自赏。对花尤怜的人，怜的不过是自己罢了。

不过，养花却生生地能让一个人的性情淡下来，慢下来，整个人也变得别致起来。曾国藩说过："花草和主人的气数一致，花草繁茂旺盛，必主兴旺之家。"这种唯心式的预言断不可取，但是却说出了花与主人的真实关系。

即使一个暴躁之人，每天见到手中的花草悠然生长的样子，不能要求它们快，也不能让花开慢下来，因为植物自有它要遵循的规则，不是人的意志能够左右的，在干着急的过程中，也磨炼着秉性。潜移默化中，养花人付出辛劳，耐心等待花开，坦然接受花落，在一株植物的生长过程中获得了心灵上的愉悦和满足，原本的暴躁、急切之心想必也能够淡定下来了。

从前，有一个养花人，在千百种花卉中，只独爱月季花。身边的朋友都知道他这一爱好，因此，前来拜访的人都会手捧一盆月季花，作为礼物送给他。长此以往，他的花房里堆满了各种各样的月季花，花朵大小各异，颜色不同，即使是同一花瓣形状的月季，都有不同的颜色和大小。养花人非常喜欢这种独一无二的热闹，每每在朋友面前表达自己的喜悦之情。

一天晚上，养花人坐在花房门口的躺椅上乘凉，不知不觉中，他就睡着了，而且做了一个奇怪的梦。梦中，他正在月季花丛中修剪枝丫，突然间，许多花走进了他的花房，所有花都皱着眉头，对他怒目而视。

养花人尚未搞清楚怎么回事，牡丹花开口说话了："世界上的花千千万，你宁愿要月季一种，而放弃世界上那么多娇艳的花朵吗？"接着，睡莲说："我虽然每天睡在林边的水池里，但是我也很美丽呀，为什么不让我住在花房里？"牵牛花说："看看这花房的围栏，如果没有我的装扮，它不过就是锈迹斑斑的铁柱而已。"仙人掌说："难道你只爱性格软弱的家伙，不愿接受倔强的灵魂吗？"

突然之间，所有的花一起开口说话，七嘴八舌地控诉着他对月季花的偏爱，控诉他的不公平。养花人在一片吵闹中醒过来，发现眼前没有牡丹，没有睡莲，也没有仙人掌，只有娇艳的月季散发着淡淡的清香。

养花人突然感悟到："原来，花也是有意志，有权利的，它们也会因为被遗忘，被漠视，被人丢在角落里感到伤心、难过。"由此，养花人想到了人世间的许多事情，对自己钟情一物，不顾其他的行为做了修正。

长久以来，他都是凭借喜好做人。喜欢的人多聊一会儿，不喜欢的人置之不理。殊不知，那些不被理会的人也是有感觉，有感情的。他们不会像梦中的花儿一样前来控诉，但是他们的内心会受到伤害。

在院子里独步一阵后，养花人决定，去找更多品种的花来养，将他的小花房变成一个众芳之国。当然，在生活中，他也决定控制自己的性情，倾听那些不讨喜者的声音。戒掉偏爱，让每个人都有被倾听、被接纳的机会。

曾经有句话说："喜欢花的人会去摘花，爱花的人则会去浇水。"其实，培养一株植物，不仅仅是一个养花的过程，更是一个养心的过程。有人用花来装点，有人用花来陪伴，有人则用花来自我陶冶，为了给内心呈现一个丰盈的世界。

把坏情绪吃掉

任何人都会碰到情绪糟糕到极点的时候：迷糊了一个上午，刚刚起了工作的劲头，电脑却无缘无故地死机，所有的工作都要从头开始；一时冲动之下，买了一个超贵的包包，结果信用卡透支，下半个月的生活就要水深火热了；同事开着气派的私家车上班，自己却仍然在哼哧哼哧地挤公交车……当坏情绪来袭，好像世界末日来临一般，心里就像积压着莫名的火气，任何工作都进行不下去。

很多人，尤其是女孩子，在情绪不佳的时候，总是想要通过吃来安慰自己。电影《非常完美》中对女孩子的这一行为给出了独特的解释：当人伤心的时候，心脏的位置会下移，为了摆脱伤心的状态，就需要大量的食物将胃填充起来。当胃变得膨胀时，就会托起心脏，帮助它回到原来的位置，情绪也会随之大大改善。

当然，这不过是电影里的特定情节，并没有任何科学依据。不过，当人情绪失落、郁郁寡欢或者一落千丈时，选择正确的食物，的确能够起到安抚情绪的作用。健康的饮食，不仅不会让人因为大快朵颐而发胖，还能让坏情绪消失在顷刻之间。

2012年夏天，一部美食纪录片——《舌尖上的中国》让一众吃货们"大饱口福"，也让被谍战剧、宫斗剧和虐恋剧霸占许久的电视荧屏上飘出了一缕小清新的气息。生活在繁忙城市的人们，终于可以告别快餐速食，体味一次中华大地上的美味。

从天寒地冻的查干湖到四季如春的海南岛，从内蒙古奶豆腐到云南松茸，看着镜头里细致的讲述，坐在电视机前的观众应该没有人不流口水吧？所谓食色，性也，如此赤裸地调动人们食欲的画面、镜头，无疑在上演一部由各色食物主演的三级片。

不管《舌尖上的中国》让美食爱好者看到了多少可口的食材，让文化研究者看到了江南塞北的饮食文化，食物对于情绪的疗伤作用终究是不容小觑的。当你被糟糕的情绪缠住，徘徊在情绪的低谷时，不妨尝试一块蓝莓果冻英式松饼，或者其他碳水化合物类的小吃，等上三十分钟，奇迹就会发生。除此之外，一片涂蜂蜜的面包或者一碗爆米花，同样能帮助你打发坏情绪。

精神不振时，一杯香甜可口的卡布奇诺就能让人神清气爽。将要罢工的大脑神经也会瞬间被激活，重新焕发斗志。不过，咖啡因产生的短暂兴奋感极容易让人产生依赖，而且对睡眠质量颇有影响，不建议大量饮用，睡前更要尽量避免。

张开大口，猛吃猛喝一顿，可以让人摆脱极度烦躁、坐立不安的情绪，仿佛吃掉的不是食物，而是心中所有的烦恼，甚至是最讨厌的那个人。不过，也有另外一种人，不仅仅在享用食物的时候心情 happy，在烹饪食物的时候同样身心愉悦。所谓独乐乐不如众乐乐，把食物当做生活的调剂，与朋友一起分享，不是一件更有益身心的事吗？

在电影《朱莉与朱莉娅》中，女主人公朱莉就是凭借美食提供的力量，摆脱了糟糕的情绪，重新找到了生活的目标。

朱莉是美国政府的一个普通职员，每天坐着接各行各业的投诉电话，雷同的工作让她对职业早已失去了兴趣。朱莉平时最大的爱好就是做菜。

她喜欢研究各种各样的菜谱，甚至还有一个愿望，就是将全欧洲的食品都亲手做一遍。

被平淡的生活、沉重的经济压力搞得头昏脑涨的朱莉，偶然间被一本名叫《掌握烹饪法国菜的艺术》的烹饪书籍吸引。这本书的作者是美国鼎鼎大名的美食家茱莉娅。她将自己数年来制作美食的心得和对各地美食的评价写成了书，一时间竟然洛阳纸贵。在一般人看来，茱莉亚对食物的评价近乎苛刻，然而，任何人都不得不承认她的广博和专业。

朱莉拿到这本书后，决定花上一年的时间将书中的食谱都尝试一遍，365 天，524 道菜。同时，她还将每天的做菜心得写到了自己的博客里。起初，遭受几次失败之后，朱莉有些心灰意冷，可是，她写在博客里的文章却引起了不小的反响，当然，也引起了茱莉亚的注意。

两个爱好烹饪的女人相遇了，同时，朱莉也开始了解食谱背后的茱莉亚和她的内心世界。茱莉亚是一个美国人，却对数量庞大、种类繁多的法国菜情有独钟，是什么让她产生这样的兴趣？在学习的过程中，茱莉亚又经历了怎样的心灵转变？一切都成为朱莉急切想要了解的"心灵食谱"。

一年过去了，一边做着全职工作，一边致力于完成食谱的朱莉终于实现了她的目标。由于博客的高点击量，朱莉同时实现了成为一个作家的梦想——虽然只是写美食专栏。在这一年的时间里，朱莉发现了生活中的一个道理：生活，是由自己打造的，而快乐，不像看上去那么难得到。

只要对生活有着热情，人们就会喜欢美食，并且从美食中获得开心和乐趣。茱莉亚用她的美食诠释与丈夫的爱情，朱莉则用烹饪来驱逐生活中的压抑和苦闷。值得庆幸的是，朱莉在学习做菜的过程中，不仅学到了她的技法，还学到了她对生活的信心，对婚姻和生活的满满热情。最后，她重新找到了生活的希望，也更懂得珍惜身边的爱人，压抑和困顿消失不见，剩下的是美味的食物，还有对生活的守候和希望。

第三章

心理学告诉你人格的奥秘

在互联网无所不在的时代，我们会发生虚拟人格与现实人格的分裂。两者哪个更真实呢？历史上的暴君与独裁者具有怎样特殊的人格？我们的心理防御机制又在发挥着怎样的作用？

虚拟人格仅仅是虚拟的吗

人人都爱社交网络，因为它提供了足够的信息，彼此之间方便分享和交流。放在 10 年前，网络聊天让人觉得如同冒险，人们也热衷于和陌生人聊天。因为匿名，你可以假装自己是充满理想的学生，也可以假装自己是个流里流气的小混混，一个人有多少面相，都可以在网络上展现出来。你每天在办公室遇见的便利贴同事，也许就是网络上一个走在文化潮流前列的时髦人士。

可见，网络上的 ID 和现实中的人可能是截然相反的。有的人在网络上极度张扬，非常活跃，善于交朋友，甚至被夸奖说个性好，富有幽默感，现实中却是另外一番样子，现实中性格可能很内向，孤僻，根本没什么朋友，在众人面前讲话都会牙齿打战。社交网络让人的多面性被放大，很多人担心自己，一会儿在微博上神经兮兮，一会儿在 QQ 空间里乖巧可爱，一会儿在豆瓣里潇洒不羁，如此下去，不是要人格分裂了吗？

人格的确是有不同侧面的，但是，不同侧面的表现特征基本上是协调一致的，分裂型人格则存在两个或两个截然不同的人格，彼此甚至互相冲突。如果线上的人格和线下的人格截然相反，彼此矛盾，就要小心，是不是社会网络导致了人格分裂？

网络世界里，每个人都有一个虚拟人格，这个虚拟人格是和现实人格完全不同的。就像每个人都有内在自我、外在自我，人们表现出来的自己和真实的自己并不完全一样。现实生活中，言谈举止要考虑具体环境、语境和人际关系，网络上的虚拟人格则不必忌讳这些，不需要看人脸色行事，完全坦荡、随心所欲地表达自己的想法，因此，许多人在网络上展露了现实生活中没有的真实人格。

如果现实人格非常压抑，网络上的表现则会有发泄的功能，是一种解脱，也是一种平衡。作为心理调节的方法，这并不是一件坏事。虽然窃听事件让人们开始关心自己的隐私问题，社交网络中的人却热衷于暴露自己的信息，个人资料，所在位置，日常生活的点滴等。这是获得关注的方式之一，网络时代的娱乐明星将晒自己的生活当做维持曝光率的手段。

因此，许多人对社交网络中的虚拟自我感到满意，比如，虚拟世界能够获得现实生活中得不到的东西。同一个人，在不同的社交网络中，表现出不同的印象。一个账号表现的可能是个清纯的淑女，分享下古典音乐，鉴赏油画，晒一张咖啡馆的自拍图等，另一个账号可能就变成了彪悍的大妈，很邪门，很神经，动不动对生活中的不如意之事爆两句粗口。

社交网络还催生了另一事物——小号。吕子乔有句话："人在江湖飘，哪有不挨刀，我叫吕子乔，保命用小号。"有没有统计过，在不同的社交网络上，你注册了多少个账号？在同一个社交网络上，你有多少个"小号"？

"小号"，也叫马甲，是网友用来掩盖自己真实身份注册的账号。微博上，许多名人不验证真实身份，而是用小号混迹江湖，比如王菲用账号"veggie"发微博，章子怡则化名叫"稀土部队"。

"小号"其实是自我防御心理的表现。根据调查，许多人在工作中都使用小号，尤其是 QQ 号。QQ 号以及 QQ 空间发布的内容通常比较私人，心情、感慨之类并不适合不熟悉的人知道，于是，为了把工作和生活分开，不少人选择用"小号"。有的人则不止一个"小号"。一次网络调查显示，

76.4% 的人有小号。另外，为了避免长辈、亲戚监视，或者为了玩游戏、抽奖，人们也会注册一个小号。在微博时代，越来越多的"微博控"也选择注册"小号"，通过"小号"可以尽情地吐槽，而不用考虑身边的关注者是否会产生代入感，尤其当身边的人包含同事和领导时。

人们以为社交网络提供了一个畅所欲言的平台，其实那不过是一种错觉。社交网络逐渐变得真实和公开，为了维护自身形象，曾经得到疏解的本我重新回到压抑状态，人们掩饰自己的言行，自夸或者自我防御，总之是不再真实表露自己。即使是匿名发言，虚拟的人和事也开始显露其真实面目。唯一的真实变成了网络上的"秀"，生活、工作、幸福，总之就是要秀出各种好。即使是虚荣心、名利、社会阶层、政治，也以"秀"的形式出现在网络上。

心理学家从个人对社交网络的使用情况判断出自我推销行为和反社会行为。什么算是自我推销呢？发布状态更新、曝光个人照片，都算是自我推销。反社会行为指的是当得不到他人评论时感受到的愤怒以及报复他人的负面评价。

社交网络对于自恋者来说无疑是表演的舞台。他们对自身有着强烈的迷恋，对他人有优越感，觉得自己是特殊的，独一无二的，习惯夸大自我的重要性。自恋表现在网络上，可能只是晒晒自拍照，晒晒美食图片，在生活中，这种态度可不是明智之举，长时间可能伤害自己和身边的人。

心理防御机制是怎么回事儿

　　河豚，又叫气泡鱼，是一种看起来蠢萌的小动物，在广东，它还有一个好听的名字，"乖鱼"。之所以说河豚蠢萌，是因为它有一个独特的防身本领——把自己吹成球。遇到敌人的时候，河豚会把自己的肚皮吹得鼓起来，或者用力吸海水，让身体比之前胀大很多倍，身上的硬刺也立了起来，成了一个圆滚滚的大刺球。这样一来，其他动物吃不了它，看它一动不动的样子，还以为它死了，就把它重新扔回海里。成功脱险后，河豚马上恢复原状，否则的话，它会被自己胀死的。

　　实际上，把自己吹成球是河豚的防御功能，很多动物都有属于自己的防御功能，动物的保护色就是防御功能之一。为了隐蔽、保护自己，动物形成了与环境一致的体色，隐蔽在环境中，不容易被天敌发现。在受惊或遭到袭击时，动物还会装死，或者静止在原地不动，或者跌落在地面如同死去，从而骗过猎食者，负鼠就是动物界装死的高手。洞穴则是大多数动物都懂得利用的自我保护的方法，穴居或洞居成功帮助动物躲避猎食者，同时保证了后代的安全。

　　人类也具有防御功能，大到为了抵御敌人而修建的工程，小到人体的免疫系统，都是为了保障自身的安全和利益。在心理上，人类也存在防御功能，即心理防御机制。这是弗洛伊德提出的心理学学名，用来解释人为了避免精神上的痛苦、焦虑、尴尬、罪恶对各种心理做出的调整。

压力使人产生焦虑，个体通过心理防御机制，解除焦虑，恢复心理上的平衡，因此说，心理防御机制具有积极的意义。但是，人在压力缓解后，还可能出现退缩、恐惧等行为，压抑、否定、退缩皆是消极的心理防御机制，最极端的压抑便是失忆。当遇到不愿意面对的事实时，会将痛苦的记忆压抑到潜意识中，部分心理学家认为，遗忘未尝不是一件好事，事实上，很多人都是用这种方法获得心理上的平衡。

自欺欺人也是一种心理防御机制，其中的反向作用即将意识不愿意接受的内容压抑到潜意识中，用相反的行为表现出来，比如继母并不喜欢前妻留下的孩子，就用溺爱、放纵的方式对待他。合理化则是用合理的理由来掩饰受到的伤害，最典型的例子莫过于狐狸吃葡萄的例子。狐狸吃不到葡萄，就故意说"那葡萄是酸的"——追求不到的事物，人们就用贬低它的方式缓解焦虑，以恢复心理平衡。

比较健康的心理防御机制包括认同、升华和幽默。认同即个体认同比自己地位、成就高的人，以消除个体在现实中无法获得成功时带来的焦虑。在个体心理发展过程中，认同是一个重要的过程。

儿童用认同的方式学习团体的态度和习惯，青少年用认同的方式寻找自我。分享他人的成功，能够增强自己的自信。当然，使用不当的话，认同也会成为防卫手段，比如狐假虎威、东施效颦。

将内驱力转移到自我和社会能够接纳的范围便是升华。拳击手平日里可能有打人的冲动，可是平白无故使用暴力会受到惩罚，于是，他将暴力冲动在拳击台上发泄出来，评论家也是类似的道理。喜欢对人说三道四，指点江山的人在日常生活中并不讨喜，于是，他们将评论的意愿用合适的途径发挥出来，一举两得。

成年人也好，儿童也好，升华都是健康的，有时候，升华还能得到意外的惊喜。比如德国作家歌德，在经历了一场天不遂人愿的失败恋情后，将内心压抑的激情诉诸笔墨，写出了小说《少年维特之烦恼》。小说大获成功，歌德可谓爱情失意，事业得意。正是通过升华，人们将不满、愤懑和不被现实生活接受的本能冲动转化为合理的、甚至有益的行动，世界因此少了许多不幸的人，多了许多专业领域的奇才。

有史以来，幽默都是用来应对紧张情境，表达潜意识欲望的。根据统计，人类普遍喜爱的幽默总是和性、死亡、攻击等主题有关，可见，人们在幽默中表达了大量的受压抑的思想。幽默的好处在于，它以轻松、逗趣的方式表达人类的攻击性和性欲望，可谓是潜意识改头换面后的结果，人们不必担心受到自我、超我的压抑。

什么样的人会成为独裁者

一直以来，独裁者吸引着心理学家的注意。心理学家既想搞明白为什么大众，即使是理智的人也会狂热地追随独裁者，也想研究每一个独裁者的心理，将其当做心理个案进行分析。不过，给独裁者做一份心理分析报告并不容易。

心理学家荣格曾经在柏林见过希特勒和墨索里尼，根据他的观察，希特勒从来不笑，看起来总是心情不好的样子，像在生闷气。由此，荣格判断希特勒性冷淡，残忍且毫无人性。不得不承认，心理学家的眼光很犀利。希特勒一生的希望便是建立第三帝国，以此洗刷掉德国受到的屈辱，排解心中的不安，而他的手段残暴而毫无人性。希特勒让荣格感到害怕，墨索里尼则给他完全不同的印象。荣格说他看起来和普通人一样，亲和，富有活力。

最近心理学家研究发现，世界上的独裁者有一些共同的人格特质，比如自恋、偏执、施虐，反社会、精神分裂、人格分裂。独裁者普遍自恋，还是妄想狂，觉得自己做什么都行。他们残暴、专制，认定"我就是国家"的逻辑，遭到质疑时则一副无辜的表情说："不是我愿意的，是人民选择了我！"

2012 年，萨莎·拜伦·科恩主演的电影《独裁者》讲述了一个虚构的北非领导人的怪诞行为。电影中阿拉丁上将是一个特别古怪的人。他平日里过着骄奢淫逸的生活，身边跟随一群女保镖，到联合国发表演讲后开始了一段奇妙的旅程。很明显，阿拉丁的人物设定影射的是倒台后被杀的卡扎菲。

现实中的卡扎菲怪癖确实很多，而且他的怪癖非常独特。他出行时，总是带着清一色的女保镖，那些年轻女孩身着军装，但是精心装饰过的面孔非常惹眼。这些女保镖既保护他的人身安全，同时充当他的性玩具。卡扎菲本人则喜欢穿着颜色鲜艳的衣服，在贝都因人的帐篷里接待客人。2009 年，卡扎菲出访美国时，甚至在地产大亨唐纳德·特朗普的地界租了一块地，搭起了帐篷。

言语间，卡扎菲表现出极度自恋的心理。他常说，人民非常喜欢他，热爱他，都会保护他。心理学家波斯特认为，这种自恋叫恶性自恋。恶性自恋者极度关注自我，把自己看作人民的救世主。因此，他们想法偏执，遇到问题完全用外归因的方法，即把问题归咎于外部力量。

面对利比亚起义，卡扎菲认为那是西方和基地组织的阴谋，甚至怀疑有人在反对派的咖啡里放了迷药。此外，恶性自恋者丧失良知，为达目的不择手段。卡扎菲控制着一切，按照自己的想法建设国家，任何忤逆他的人都没有好下场。

实际上，恶性自恋者在觉得自己了不起的同时，伴有极度的不安全感和自卑感。卡扎菲的情绪和行为非常不稳定，成功时他非常兴奋，好像自己刀枪不入一般，遭受挫败时，他则会情绪失控。独裁者的不安全感是非常可怕的，独裁者会将其转化为极大的破坏力，造成人民的悲剧。比如乌干达独裁者阿明，他对自己缺乏教育感到自卑，为了抚慰内心的不安，他对知识分子进行了大清洗。

众多独裁者中，人们分析得最详尽的莫过于德国的独裁者希特勒。二战爆发之前，希特勒被视为"伟大的存在"。他是德国最年轻的领导人，没有贵族背景，却在短时间内在政治、经济、军事、外交等方面创造了奇迹。随着德国强大起来，希特勒在国内获得了空前的威望，谁也不曾想到登峰造极的希特勒并不满足，他的理想是登上人类历史的巅峰，于是，杀戮开始了。

战争开始后，希特勒逐渐暴露他残暴、罪恶的一面。1943 年，欧洲战场进入关键阶段，美国中情局前身，即战略情报局为了进一步了解对手，为希特勒撰写了一份心理评估报告，负责的心理学家是亨利·穆雷博士。

穆雷发现，希特勒小时候非常女性化，他的父亲经常殴打他，他讨厌任何体力劳动，也不参加体育活动；一战时期，希特勒在军中当兵，却对上级军官卑躬屈膝，战争经验导致了他严重的神经衰弱症。

当权后，希特勒的经典造型便是卓别林似的小胡子，但是很少有人知道，他曾经做过多次隆鼻手术。希特勒认为，日耳曼人应该有一个高挺的鼻子，于是他不断用手术的方式抬高自己的鼻子，即使在德军败退时也没有停止。

希特勒虽然杀人不眨眼，他自己却患有晕血症，见到人血就感到不舒服，他还对动物充满爱心。在他庞大的鸟类养殖场里，一只孔雀死了，他都会伤心流泪，一只昆虫死了，他也会难过半天。转眼间，他又化身恶魔，心安理得地杀死几十万犹太人。

他还有一个隐秘的爱好——乘坐极速飞车。一生之中，希特勒并没有亲自开过汽车，平日里，他乘坐的汽车最高时速不能超过 37 公里——他自己规定的，到了夜深人静的时候，他却要求司机以时速 100 公里驾驶。在当时，这个速度非常危险，以至于他的司机因过度紧张而精神失常。希特勒对女人没有好感，一方面，他多年来对梅毒过分恐惧，另一方面，他年轻时曾爱上自己的外甥女，最终外甥女以自杀告终，导致他此后对女人再无爱情。

综合这些因素，穆雷分析希特勒内心高度压抑——只有心理压抑的人才用不顾生命危险的午夜飞车寻求解脱。和自己亲外甥女的乱伦是一场畸形的恋爱，即使今天仍然不被人们接受。为了爱情，他承受了巨大的舆论压力，这场畸恋的失败给希特勒留下了严重的心理阴影，也是其内心压抑的愿意之一。

晕血、对小动物倍加珍视并不能体现他的仁慈，实际上，这些不过是他女性化的象征。与此同时，也包含他的内心投射。对动物反常的柔情如同他对自身怯懦的同情，而他弥补内心缺陷的方式则是无限扩张的暴力。

独裁者在人格上有许多相似的地方，但这些相似之处并不是产生独裁者的原因。世界上有很多存在人格缺陷的人，也有人同时具备自恋、偏执、施虐，反社会、精神分裂、人格分裂这六个特质，但是他们没有成为独裁者，也没有成为杀人犯或恐怖分子。而且，每一个独裁者的统治区域都有各自的文化背景和民族特性。独裁者的出现，一方面来自独裁者自身的心理因素，另一方面也和具体国家、地区的文化有密切关系。

即便如此，人们不禁要问，患有如此严重人格障碍的人，怎么可能占据高位，掌握大权呢？对于普通人来说，心理病症的折磨足够损耗掉个体的全部精力，有的人连正常的生活都无法维持，独裁者是如何做到的呢？很可惜，心理学家尚未找到明确的答案。

心灵鸡汤有多少营养

话说有一天，小嘻和小哈躺在院子里晒太阳，小嘻说："我要去做生意，赚很多很多钱，然后开始享受生活，到海边度假，躺在沙滩上晒太阳。"小哈说："你现在不正晒太阳呢吗？"这个故事告诉我们一个道理：与其孜孜以求，不如珍惜当下。

实际上，这样的推论是错误的，只要再往下写两句，逻辑上的错误就会暴露出来，作者当然不会傻到把自己绕进去，他在恰当的地方结尾，让小嘻说一句，"你说的也对"。这个故事就圆满了。

稍作思考就会发现，小嘻想要的晒太阳，仅仅是晒太阳那么简单吗？当然不是。他想成为富翁，是想拥有可以晒太阳也可以不晒太阳的权力。他还可以今天晒太阳，明天骑马，后天泡温泉。整日在田地里劳作的农民无时无刻在晒太阳，但他们并不觉得快乐。

这样的故事，在报纸、杂志上很常见，有了微博之后，众多段子手集聚一堂，向大量公众传播这类故事。这类短小精悍却给人深深启发的小故事有一个正式的名字——心灵鸡汤。许多人在喝下一碗鸡汤后，都会若有所悟地叹一句：原来是这样啊！好像一下子对人生难题有了透彻的领悟。

每天饮一顿心灵鸡汤，真的能修身养性吗？台湾作家刘墉贩卖的台式鸡汤喂饱了人们精神上的饥饿吗？《读者》《意林》《妇女之友》贩卖多年的鸡汤文学让人如厕时都想抄在笔记本上激励自己，微博上那些以"心理学"之名卖鸡汤套餐的博主只不过换了平台，鸡汤还是鸡汤，配方没变，味道也没变。

实际上，心灵鸡汤的原意并不是人们今天理解的样子。"心灵鸡汤"（Chicken Soup for the Soul）一词来自西方，和天主教的复活节有关。复活节前40天，是天主教的大斋，这期间，14岁以上的信徒不能吃肉，不能吃饱，每遇到星期三，信徒们就去教堂参加弥撒活动，神父会给每人分一小块饼，表示分享耶稣的骨肉和精神。有条件的教堂则会准备鸡蛋汤和素食，此即"心灵鸡汤"。

心灵鸡汤发展到今天，就变成了报刊、书籍上传播积极思维的心灵故事，负责给世人传递一种正能量。心灵鸡汤用理想化的方式产生想法，描绘美好的未来。这种模式非常符合人们的期待，可是，积极思维未必总是带来好的结果。

鸡汤就是通过一个或几个小故事，总结出一个人生感悟，让人每天活在正能量当中。的确，无论如何，鸡汤总是happy ending，想要爱情的时候，主人公得到了爱情，想要事业的时候，主人公得到了成功。都谁在喝鸡汤呢？是社会中心灵脆弱的人。他们不一定始终脆弱，可能因为生活事件暂时变得迷茫，缺乏希望，感情脆弱，处在这个阶段的人，比任何时候都需要关怀，需要正能量。

心灵鸡汤有励志的功效。因为它在讲述一个成功者的故事时，往往忽略掉艰辛的过程，直接展示主人公的愿望和美好的结果，比如一位年轻人想要发财，若干年后，他就成了百万富翁。若干年间，年轻人起早贪黑地工作，经历了无数次失败，但这不是"鸡汤"的主要成分。

抛弃了所有阴暗的东西，心灵鸡汤只呈现希望和美好的未来，而事实证明，这一招并不总是奏效。心理学家用计算机分析了积极思维和经济走势之间的关系，结果发现，在美国经历金融危机时，经济版面的积极思维越多，接下来一个星期或一个月，道琼斯工业平均指数下降得就越厉害。人们在喝心灵鸡汤时总是相信，喝得越多，就越可能成功，现实会告诉你，这两者没有任何因果关系，甚至连相关关系都没有。每天用鸡汤浸泡脾胃的人在脑海里中想象着未来的美好画面，现实中依旧苟活于逼仄的空间里，什么都没变。鸡汤不能拯救人生。

即便如此，心灵鸡汤依然能带给无数人激情，尤其是现实中的成功人士，他们的故事，他们的言论，皆有浸润肺腑的功效。比如乔布斯于1983年对约翰·斯卡利——百事可乐的总裁说："你是想卖一辈子糖水，还是跟我一起改变世界？"凭借这句话，乔布斯成功说服斯卡利加盟苹果。

乔布斯创造苹果神话后，这句话被他的拥趸视为箴言。人们套用这句话创造了"苹果体"，比如，刘备在拉关羽、张飞入伙的时候大概是这么说的："云长，你是想一辈子卖绿豆，还是跟我一起改变世界？""翼德，你是想卖一辈子猪肉，还是跟我一起改变世界？"由此，天桥上给手机包膜的哥们儿也可以对旁边卖鞋垫的大叔说，"你是想一辈子卖鞋垫，还是跟我一起改变世界？"

乔布斯的鸡汤好像在告诉人们，不要低估自己的能力，你值得更好的机会，更广阔的天地。心灵鸡汤中毒者在亲身经历改变世界之难或失败后才发现，一辈子卖糖水、卖绿豆、卖猪肉已经很难得了。乔帮主答应和许多人一起改变世界，可他现在在哪呢？

另外一些专门针对女性的鸡汤则在重复地讲述如何做女人，如何搞定男人，如何为人处世，如何看穿别人的心思，如何操控他人的行为，如何搞定难缠婆婆。"乌鸡汤"将受众固定为女性，主要是20~40岁的女性，未婚也好，已婚也好，按照鸡汤的标准，女人要有风情，有女人味，要独立、高贵，同时兼具母性，《女人一世受宠》《情场潜规则》《小三要知道的20个真相》等，则在教女人如何如《甄嬛传》中的妃子一般，搞定男人及他身边的其他女人。

事实证明，鸡汤不能解决任何问题。工作中的问题也好，生活中的问题也好，解决问题最好的方法是冷静和理性，直面世界，直面自己，解决问题。而不是泡在一切美好的幻想中，想象混乱的生活自动走上正轨。而且，有一类人是不适合喝鸡汤的，即低自尊的人。

自尊是一个基于对自己的评价形成的自重、自爱心理，同时要求受到他人、集体和社会的尊重。自尊有强弱之分，分高自尊和低自尊。高自尊者和低自尊者的行为方式是不同的。高自尊者肯定自己，自我程度高，他们能够接受世界的多元，接受他人，哪怕是意见相左的人，他们对当前的人际关系非常满意。在工作或学业上，他们努力尝试，有信心把事情做好，并且能看到自己的缺点。

低自尊者则相反，他们不相信自我价值，总是把事情往悲观的方向想，不愿意检验自己的判断。他们对人际关系、社会非常敏感，由于习惯性地批评他人，常常使自己变得孤立。不被他人接受的记忆萦绕在脑海里，进一步削弱了他们的自尊，形成了恶性循环。他们不能接受他人的正面反馈，于是抗拒变化。

低自尊者对自己的评价非常消极，把他人的批评、感情受挫、求职失败都归因于自身，对于这些人，最不应该接受的就是精神上的鼓励，如心灵鸡汤那种满满正能量的故事。当你安慰低自尊的朋友时，最好不要用激励的话，他们并不想听到这些。

心灵鸡汤对低自尊的人没有帮助，听到别人的鼓励，他们反而会感觉更糟糕。许多人试图鼓励失意中的低自尊者，结果都被他们的怪异反应吓到了，二者的互动也陷入泥潭。用支持、鼓励的话安慰他们是一件令人沮丧的事，如果你想告诉他们说："没关系，船到桥头自然直。"他只会反问你："由我来掌舵这船，我看是到不了桥头了。"

我们为什么对烂片情有独钟

如果用一个关键词定义今天的大众文化，那就是"娱乐至死"。正是在娱乐至死的年代，烂片成了电视机里的常客。人们不喜欢一板一眼穿古装、演员学古人说话、完全尊重历史演绎的电视剧，讨厌动辄谈论几千年的传统文化，年轻人不关心社会、政治，厌恶崇高，反抗权威，于是，任何戏说、恶搞，哪怕歪曲历史但能提供娱乐素材的电视、电影就受人追捧，哪怕边看边骂，观众也不舍得放弃。

不知道是否烂片强化了人们的受虐心理，观众偏偏喜欢痛并快乐着。弗洛伊德说，当人生活在无力改变的痛苦中，反而会爱上这种痛苦，受虐狂便将痛苦视为一种乐趣。承受痛苦的同时享受快乐，为了这份快乐，不惜继续忍受痛苦。

陈道明曾经在采访时说："我越看烂片就越要看下去，心里永远在想，非常仇恨地想——我看你到底能烂成什么样？看完以后有一种被虐的快感。"想必，抱着受虐心态看烂片的人不止陈道明一个吧。

电视剧、电影作为工业产品，难免会落入程式化的框架内。灰姑娘总是能遇上白马王子以及痴心不改的男二、男三甚至更多；坏人坏得让人咬牙切齿，结局自然是善有善报，恶有恶报。连人物行动都是有规律的，听到噩耗，手中的东西，不管是茶杯、碗还是花瓶，总是会掉在地上摔碎；

不敲门地贸然闯入，不是看见有人上吊，就是不小心看见女子洗澡；坏人通常没法一剑杀死，总是需要主角在其垂死挣扎之际补上一刀⋯⋯

程式化的模式尚能忍受，备受中国观众追捧的韩剧也因走不出"灰姑娘+财阀二代"的套路备受诟病，但并不妨碍编剧在600分钟里讲述一个逻辑严谨、情感丰富的故事。烂片之所以"烂"，是因为情节不知所云，演员演技太差，画面毫无美感，人物行为缺乏逻辑基础，故事发展呈现诡异的趋势⋯⋯

有些烂片本身并没有那么差，多少有一些看点，便足以支撑观众看完一集。况且，每个人眼中的烂片标准是不同的，一部分人眼中的烂片，不一定是大众认为的烂片。文艺女青年认为的烂片，大妈可能觉得"还不错，我看演员长得挺俊的"。对于普通人来说，格调太高的片子就变成了阳春白雪，反而让人欣赏不了。

每个人的心理需求不一样。小女孩喜欢看年轻偶像，看爱情故事；大妈大婶喜欢看人情世故；有的上班族白天奔波劳累了十几个小时，睡前打开电视放松一下，可能就是图个乐，在他眼中，《北平无战事》和《乡村爱情故事》没什么区别。

投资成本、演员阵容并不能决定片子的好坏。对于投资商来说，片子烂不重要，有时候，"烂片"反而会成为一种宣传手段，观众好奇，非要看看号称"史上最烂的电视剧"，"有史以来最垃圾的电影"到底会差到什么程度，于是，电视剧越骂越红，收视率越高，电影骂声越高，票房越高。

赞扬和批评同样令人印象深刻，同理，砸场和捧场都能吸引眼球，相比之下，一味地捧场显得虚假，砸场的吸引力更大些。网络水军的战略原来就是一味赞扬，恨不得把大众评分推到9.9，如今，水军改变策略了，因为他们看懂了这个道理。

一部分人唱白脸，大骂作品如何之烂，另一部分人唱红脸，大赞作品如何之好，热热闹闹的气氛就出来了。对策划团队来说，从 13 亿人中挖掘好奇心并不难，大多数时候，人们主动关注，甚至参与，成就了烂片的炒作之路。

告别电视机多年的重度网虫很难明白，网络上有大量优质的英剧、美剧、日剧和各个年代、各种类型的电影，为什么有人偏偏要守在电视机前受虐？其实，观众在看烂剧同时，也能秀一下智商和优越感，有一类人专门找电视剧或电影中的穿帮镜头，以此证明制作方的不够敬业以及自己的高人一等。或许故事的题材更丰富一些，这样的观影趣味会被削弱，美国有专门拍给卡车司机看的剧，又暴力，又弱智，但是华尔街的精英不会边看边骂。他们知道，那些片子不是拍给自己看的。

大骂一通的轻松感也是优质的作品无法提供的。一部记录沉重历史的片子，一个讲述人性复杂的故事，一个融合了众多线索、暗示和隐喻的片子，只能让观众看到自己的渺小，觉得自惭形秽，如果有人从《霸王别姬》中得到意淫的满足，建议去测试智商或到精神科挂号。

虐心的剧情是看烂片时另一个快感来源。一女对多男或一男对多女的爱情故事中，总有悲剧发生，一方去世，另一方终身不嫁或打一辈子光棍是爱情片中的经典桥段，杨过和小龙女不也是等了 16 年才迎来圆满吗？这种苦行僧般的忠贞，不自然的、偏执的感情观让观众体验到受虐的快感。受虐者在虚幻的感情中获得满足，进一步强化了自己的受虐倾向。

说到底，看烂片的人并不是没得选，而是不想选。潜意识控制着遥控器，本我知道，只有烂片给人最大的快感。娱乐至死，之后便是低俗和幼稚。人们反对智力，推崇浅薄和无知——至少没觉得这样不好，于是，没营养的东西乐子多，一板一眼的艺术品不好看，观众们被"烂片"这一关键词勾起了好奇心，一边被虐、一边批评，一边贡献收视率。

从心理学的角度看《傲慢与偏见》

十八世纪，英国资本主义迅速发展，物质生产改变了人们的生活方式，越来越多的人成为中产阶级。这一时期的小说主要是中产阶级的产物，反映的是中产阶级的价值观念和社会人格。盛行的批判现实主义小说主要揭露社会的阴暗面。

1796年，简·奥斯丁创作了小说《初次印象》，后来，这部小说改名为《傲慢与偏见》，即我们今天看到的伊丽莎白与达西先生、简与宾利先生的曲折爱情故事。这部轻快、明亮、光耀夺目的喜剧小说展现了达西的傲慢、伊丽莎白的偏见以及他们如何逐渐认识自己和对方的过程。

"凡是有钱的单身汉，总想娶位太太，这已经成了一条举世公认的真理。"这是《傲慢与偏见》的开场白。奥斯丁之所以用如此粗浅、甚至稍显恶俗的句子开头，因为当时的社会状况确实如此。18世纪，大多数英国女性在经济上是不自由的，在婚姻面前，女性处于被动地位，获得一份美满的婚姻关系到她们后半生的生活，一步走错，将万劫不复。挑选夫婿的过程中，女性的出身、外貌和个性魅力则会增加其婚姻美满的可能性。

达西先生，这位年收入超过一万英镑的青年才俊，为什么会用傲慢的态度对待伊丽莎白？伊丽莎白为什么会对他产生偏见呢？我们先从伊丽莎白的家庭环境说起。伊丽莎白的父亲班内特先生是一位乡绅，按照英国

19世纪的社会标准，他是一位受到尊重的、体面的乡绅。他每年有两千英镑的收入，这份资产足够他获得相应的社会地位。按照当时的法律，由于没有男丁继承产业，班内特的妻子和女儿们将在他去世后失去生活保障，但是，在他有生之年，这一家人足够过上舒适体面的生活。

班内特一家的"污点"来自班内特太太，这也是达西和宾利姐妹诟病简和伊丽莎白出身之处。班内特太太是一位智力贫乏、喜怒无常的女人，她粗俗、爱慕虚荣，人生最大的目的就是把五个女儿嫁出去，生活乐事则是走亲访友，闲话八卦。班内特太太没有认真培养过女儿，将她们教养成道德水平较高、有风度的淑女，即使女儿莉迪亚和驻扎在附近的民兵自卫团调情也不干涉。为了避免妻子的纠缠，班内特先生每天躲在书房里，五个女儿中，班内特先生只和大女儿简、二女儿伊丽莎白亲近些，这也造成了简和伊丽莎白区别于另外三个女儿的性格。

另外，班内特一家还有一些"下流的亲戚"。班内特太太的父亲曾经当过律师，后来这份职业被班内特太太的妹夫继承。班内特太太还有一个在伦敦经商的哥哥，虽然经营得法，生活富裕，但是在当时的英国，商人是未得社会尊重的职业，其社会地位不及乡绅。而将在班内特先生过世后继承遗产的柯林斯也给人留下粗鲁、谄媚的印象，还缺乏得体的社交礼仪。

简是班内特家中的长女，是一个漂亮、纯洁、心地善良的女孩。她对任何事情都不敏感，在她眼中，天下人都是好人。不要觉得这是她的优点，实际上，"老好人"的性格正是她的人格缺陷。她赞扬他人的美德，却看不到别人的缺点、愚昧和无聊。

二女儿伊丽莎白是班内特家中最贴近父亲而摆脱母亲影响的女儿。她和父亲一样富有幽默感，深谙嘲讽技巧，具有敏锐的洞察力和鉴赏能力。可是，她的才智并没有让她双眼明亮。她被韦翰的魅力所吸引、听信他的谎话而对达西产生深深的偏见暴露了她人格中无知的一面。

　　韦翰利用自己的奉承能力和讨人喜欢的外表迷住了伊丽莎白，为自己喊冤的同时不停地中伤达西，可笑的是，他的话中充满破绽，向来以聪明过人著称的伊丽莎白竟然相信了他的一面之词，被他牵着鼻子走。从这一点也可以看出伊丽莎白的人格。她喜欢先入为主，最初的印象决定了她对一个人的评价。伊丽莎白将达西定义为"傲慢""无礼"，一部分来自初次见面时的不愉快，其他信息则全部来自韦翰。

　　尽管《傲慢与偏见》给读者提供了一个浪漫的、梦幻的结局，如果你阅读过奥斯丁的另外两部作品，《理智与情感》和《曼斯菲尔德庄园》，就会看到另外一种结局。在这些作品中，奥斯丁尽到了完整人格的责任。

　　21世纪的年轻人阅读简·奥斯丁，对小说中人物性格及当时的社会习俗兴趣不大，只是因为那个绿树成荫的世界有助于他们超越现实生活，读者在想象中逃离了疲惫、无聊的生活，陶醉在古朴的绿色世界里。

　　不过，小说中提到的人因无知而产生的偏见今天依然存在，只不过，今天的人们对偏见的理解更丰富，心理学对偏见的研究已经从个体扩大到民族、族群和整个社会。所谓偏见，即以不充分、不正确的信息为根据形成对某人、某事的片面乃至错误的看法。偏见的特点即以偏概全，过分简单化地认知事物，态度固执、刻板。成见、偏见和歧视有密切关系，但也有区别。成见强调认识方面，歧视强调行为方面，偏见则强调态度方面，带有强烈的感情色彩。带有偏见的人，即使面对事实真相，因其自身的情绪因素，也不愿意改正原来的态度。

　　从20世纪30年代开始，心理学家就开始关注偏见问题，尤其是种族偏见。心理学家卡茨和布雷利对100名普林斯顿大学的学生进行了调查，结果发现，他们对某一民族或种族的看法非常一致，如对黑人的看法。40年代，心理学家们陆续发现了性别偏见、职业偏见。比如，人们普遍认为，男性更有进取心，更独立和自信，逻辑性更强，而女性健谈、温柔，富有情绪性。

心理学界，最初用"bias"定义偏见，即"偏好"，这一定义强调人们在认知上的偏差，不带有主观情感倾向，二战后，"prejudice"的使用率超过了"bias"，"prejudice"是"偏见"，并带有明显的贬义。

大量的研究承认了一个事实：偏见在社会上普遍存在。偏见并不是与生俱来的，而是社会化的结果，即后天习得的。从心理学的角度看，一个人如果在认知上存在偏差，在环境中遇到挫折就会产生偏见。

偏见来自社会、历史、政治、经济等多方面原因，不同民族或种族的社会文化、风俗习惯、生活方式也会成构成偏见。持偏见的人不是从实际情况出发观察事物或人，而是根据传闻、片面的材料，做出不全面但却绝对化的结论。

伊丽莎白在认识到自己的无知和轻信后，放弃了偏见，重新认识达西先生，最终凭借自己的独特个性变被动为主动，收获了美满的婚姻。1847年出版小说《简·爱》的夏洛蒂·勃朗特则在奥斯丁的基础上更进一步，主人公简·爱更加强调女性自强、独立的人格。夏洛蒂·勃朗特非常了解偏见的影响，她说："众所周知，对未受过教育的人来说，偏见思想是很难根除的，就像在石缝中生长的杂草那样根深蒂固。"受教育能将偏见朝着积极的方向转化。但是，人们应该接受什么样的教育呢？

充满野性的复仇者人格

《呼啸山庄》出版于 1848 年，是英国女作家艾米莉·勃朗特的小说，也是她短暂的一生中唯一一部作品。一开始，这部小说并未引起人们注意，书中的情节和人物让当时的读者感受到极度的恐怖，以至于一些评论家批评它是一部毫无意义的作品。半个世纪后，人们才认识到它的价值，因其超乎寻常的独创性和人物性格的复杂性，《呼啸山庄》被评论界称为"最奇特的小说"，主人公希斯克利夫也成为一个具有丰富人格侧面的人物。

心理学认为人格是一个存在于个体之内的一套有组织、有结构的、持久的心理倾向和特征。个人和外界环境互动，决定了一个人的思考、欲望、情绪和行为。每个人都有独特而一致的行为表现，即人格。在不同情境、不同时间，一个人会表现出同样的行为，此为人格的一致性；每个人在同一情境的表现不同，此为人格的特殊性。

现代心理学确立以来，心理学家提出了多种理论解释人格的成因，得到广泛承认的是：人格是在遗传和环境这两个因素共同作用下发展形成的。经典的双生子实验证明遗传对人格的作用。心理学家用 139 对同卵双生子和异卵双生子为研究对象，观察他们情绪的稳定与激动、大方与羞怯。心理学家假设，不管是同卵双生子，还是异卵双生子，双生子生活在同一家庭中，环境因素大致相同，人格上应大致相同，然而，同卵双生子的相似度比异卵双生子高得多。

关于养子。野兽哺育的孩子和野生儿的研究则证明了人格受环境因素影响。家庭中，不同类型的教育方式也会影响儿童的人格发展，比如民主型教育，儿童谦虚有礼、待人亲切；专制型教育，儿童怯懦、情绪不稳定、缺乏自信心；放纵型教育，儿童懒惰、没礼貌，独立性差。

回过头来，我们来看看希斯克利夫的人格发展。希斯克利夫是一个弃儿，他流浪在利物浦街头，被好心的老恩萧用大衣裹着带回了家。艾米丽并没有交代他的父母是谁，是什么样的人，因此，我们无法分辨，希斯克利夫的人格中哪一部分受遗传影响比较大。

来到呼啸山庄，恩萧一家和广袤的原野便成为他的成长环境。他的出现，让辛德雷只得到了一把被挤碎的小提琴，让凯瑟琳未能得到盼望许久的鞭子。可见，希斯克利夫的出现并不受欢迎，他完全打乱了山庄的生活。事实证明，希斯克利夫和呼啸山庄并不契合，或者说，根本就是两个世界。他充满原始野性，不可遏止的激情、强烈的爱恨意识、残酷的复仇手段。仪态、风度、教养，他并不在乎这些。

作为家中长子，辛德雷喜欢欺负妹妹，欺负希斯克利夫。在反抗辛德雷的过程中，希斯克利夫和凯瑟琳在朦胧中发展出爱情，互相支撑着对抗来自辛德雷的折磨和歧视。期间，可以看到他身上具有的温情，也可以看到深藏他内心深处的仇恨火苗。他用告状的方法威胁辛德雷，强取辛德雷的小马，可见其内心中阴暗、无赖的一面。正如女仆所言，"他不麻烦别人，仅仅出于倔强，而不是出于宽厚"。

然而，残忍、暴虐、倔强、叛逆的性格是他天生的吗？很大程度上是后天环境造成的。在遇到老恩萧之前，希斯克利夫未曾享受过人间温暖。他是贫穷的，低贱的，备受欺凌的。来到呼啸山庄，他摆脱了贫穷的生活，凯瑟琳对他的接纳和关怀打开了他的内心，他懂得感恩，懂得爱人了。为了爱情，他愿意永远被辛德雷使唤，遭受嘲讽，只要能生活在凯瑟琳的阴影下，他毫不介意。

如果说，这世界上有什么是希斯克利夫珍视的，一是老恩萧的善心，一是凯瑟琳的爱情。不幸的是，没过多久，老恩萧去世了，辛德雷成了呼啸山庄的主人，希斯克利夫成为山庄的仆人，他拥有的只有凯瑟琳的爱情了。凯瑟琳变成了他的生命，是他生活的全部希望，爱情可以拯救野蛮的心情，人会愿意为了爱情把自己变成风度翩翩、举止优雅的人。然而，这份爱被凯瑟琳的一句"嫁给希斯克利夫就会降低我的身份"打碎了。按照世俗社会的标准，埃德加——画眉山庄的主人——更富有，更有教养，更符合凯瑟琳的社会地位。

对于凯瑟琳来说，嫁给埃德加只是选择一个门当户对的婚姻，她并不爱他，但是羡慕埃德加的生活方式。对希斯克利夫来说，失去凯瑟琳相当于失去整个生命。于是，他心底最后一点爱意消失了，强烈的爱化为暴风骤雨般的仇恨，只是他的仇恨之火过于猛烈，燃烧了别人，也燃烧了自己。

为了复仇而归来的希斯克利夫是一个高大、强壮、身材优美的人，老练果敢，富有才智。从前低贱的痕迹一扫而光。从外面上看，希斯克利夫不失绅士风度，但是他的内心隐藏着不可遏止的激情和原始野性，最终，凯瑟琳看到了这一点——他是一个野性不改的人，未曾开化，没有教养，就像只有荆棘和砂石的荒野。

希斯克利夫带着财富回来，想要夺回他的爱情，他的复仇之火首先烧死了他的爱人。然而，凯瑟琳的死更加强化了他的复仇之心，他的恶魔本性彻底暴露出来。这时候，他是一个未被驯服的人，他不懂文雅，毫无教养，为了达到复仇的目的，不在乎手段的高尚或卑劣。

从阿德勒的自卑与超越的理论角度看，希斯克利夫兼具自卑、渴望补偿和追求优越的心理。儿童通过追求优越获得心理补偿，成年之后，则发展为对权力、金钱、社会地位等优越感的追求，通过凌驾于他人之上获得心理上的满足。童年期，希斯克利夫产生了深切的自卑感，做任何事都得不到认可，他对自己的能力缺乏自信。

　　希斯克利夫只爱凯瑟琳一个人，对其他人轻视、折磨，不怜悯也不关心，他想要的只是凌驾他们，支配他们，让他们陷入痛苦。最终，他的复仇目标实现了，他占有了呼啸山庄和画眉山庄，他的仇人相继死去，辛德雷和埃德加的后代也饱尝苦果。他自己也变成了一个冷酷无情、满心仇恨和敌意的恶魔。好在，艾米莉给了我们一个还算温暖的结局。临死前，希斯克利夫放弃了继续报复下一代的念头，实现了希斯克利夫从恶到善的回归。

第四章
心理学告诉你生活的奥秘

　　司空见惯的门把手隐藏着怎样的心理学秘密？各种各样的椅子又具有怎样的心理学意义？不耐烦地等待红绿灯的时候，你会从心理学角度展开思考吗？你了解色彩背后的心理学吗？

请给我一点空间

你是否也有类似的经历？

一辆空位很多的公交车，一个陌生人偏偏坐到了你旁边，你心里开始觉得不自在。"为什么偏偏坐在这里？"

陌生人和你说话时，鼻子几乎要碰到你的脸，你会觉得舒服吗？

当你在海滩享受阳光浴时，陌生人把他的浴巾紧紧挨着你的浴巾，你是不是有一种怪怪的感觉？

坐电梯时，狭窄的空间让搭乘者的个人空间彼此重叠，每个人都觉得不舒服，想要尽快逃离，于是，你习惯性地抬头盯着指示灯。

自从20世纪60年代心理学家萨默提出了个人空间（personal space）的概念，人们开始进行有关个人空间的各方面研究，30多年间，1000多项研究成果被发表。个人空间是环绕在人体四周的区域，不可见也不可分，是个人在心理上所需的最小空间范围，也称身体缓冲区（body buffer zone）。个人空间这一术语并非心理学独有，生物学、人类学和建筑学都有研究个人空间。

在动物界，彼此之间都保持着固定的距离。你看电线上休息的小鸟，每只鸟之间都保持一定的距离。同类动物都有自己的领地，只有得到主人默许的个体才能进入其他个体的领地，否则将被视为闯入者遭到攻击。

人类学家霍尔对个人空间的描述非常形象，他认为个人空间就像是一个看不见的空气泡，每个人都被空气泡包围，当你的气泡和他的气泡相遇时，彼此会感到不安，从而调整彼此之间的距离。

空气泡只是一种比喻，如果愿意，你可以把它想象成蜗牛壳或刺猬的刺。人与人之间想要获得温暖和友谊，同时要学会保持一定的距离，避免相互刺痛。个人空间并没有明确的边界，也没有固定的位置，它随着个体移动而动，随着情境的改变而扩大或缩小。

公园里的长椅上，一个人单独坐在一端休息，如果有一个陌生人来到长椅旁边，没有坐在另一端，而是坐在了中间，原来的人会迅速调整姿势，或者干脆离开。具体怎么做取决于这个人渴望的个人空间大小。如果他乐于与人分享空间，可能只是调整下坐姿，将身体偏向另一边，如果他对个人空间要求较高，就无法忍受他人的闯入。

图书阅览室同样能体现出个人空间的存在。在空无一人的阅览室，第一个进来的学生选择空桌子的一角，这是维持个人空间的行为。为此，阅览室的设计需要考虑每一个阅读者的个人空间。读者需要拥有随心所欲写字，看书的空间，不打扰别人，也不被别人打扰。地铁从始发站开始，总是由两端开始坐人，逐渐向中间靠拢，直接最后一个座位也被占满。其实，每个乘客都想保持个人空间，但是首发站的乘客拥有更多的选择权。

无意识中，我们已经划清了与他人之间的界限。距离的远近因彼此之间的关系而定，熟悉的人，靠得近一点也不会感觉不自在，陌生人的话，稍微跨越界限就会觉得不舒服。这个界限便是心理上的楚河汉界，即个人空间。

心理学家做过这样的实验。有一排 10 个座位，前两个参与者在 6 号、10 号的位子上坐了下来，接下来，让其他参与者在空着的座位上选择。实验证明，第三个参与者选择了 8 号，第四个参与者选择了 3 号或 4 号。

陌生人在选择座位时遵照一定的规律，谁都不愿意挨着陌生人坐下，但也不会坐得特别远——那会无声地伤害到对方。就像你挨着一个陌生人坐下，对方却将身子移向另一边，或者坐到另一个空位子上去，这时，你会不会觉得尴尬？觉得人家因为嫌恶你而迅速躲避？大多数人不想做出嫌恶别人的行为。

个人空间显现了人际间的不同关系。大多数情况下，人们意识不到它的存在，只有个人空间遭到侵犯时，才会感觉到它的存在。并不拥挤的公交车上，乘客原本会按照潜意识的规则，尽可能错位而坐，如果陌生人突然靠近，个人空间就被侵犯了。心里的疑惑和不适感便是个人空间被侵犯的信号。

当人多的时候，个人空间被客观原因压缩，这时，即使每个人紧紧挨着，也谈不上伤害，谁都不会感觉别扭。比如每天上下班高峰期中的地铁车厢，乘客只有立足之地，这时，每个人的个人空间都被迫压缩到最小。

在建筑中，人也需要占有一定空间，不仅是物理上的，还包括心理上的。空间领域给人提供安全感和便于沟通的信息，还强调了主人的身份和权力。在古代的园林设计中，设计师懂得尊重个人空间，使置身其中的人获得稳定感和安全感。比如在围墙内侧种植芭蕉。芭蕉和乔木不同，没有明显主干，枝干舒展、柔软，人不易攀爬，种在围墙边上，既增加了围墙的厚实感，又能防小偷翻墙而入。

园林绿地设计中，个人私密空间和公共空间也需要搭配起来。比如医院绿地、图书馆绿地、车站、广场绿地等，这些绿地上种植的植物要简洁、沉稳，在性格上互相分离，同时考虑到绿植与环境中人的关系，使隔离开的空间体现出不同功能，同时映衬人的情绪变化。

具体的生活环境也会影响个人空间，比如长期生活在拥挤都市的人和长期生活在广阔乡村的人，他们对个人空间的要求是不同的。大都市不仅拥有大量的人口，还充斥着各色建筑。那些堆砌着最高、最大建筑的城区，被遗忘的往往是窒息其中的人。

拥挤是全世界大都市的通病。人由于受到束缚会产生压抑、消极的情绪，甚至会引起疾病。在拥挤的大环境里，即使个人拥有足够的空间，也会觉得拥挤，这是心理上的拥挤感。孟买、加尔各答、深圳、首尔、东京这些人口密度大的城市，虽然金融、商业服务、出版、教育、旅游等产业非常发达，同时也面临着交通拥挤，空气污染和基础设施不够完善等问题。

人口密度大会让人感受到节日的热闹，同时带来的便是拥挤。街道、广场、公园的人群密度很高，狭小的空间里活动着数量过多的人，遇到急事，人就会变得焦虑，人际摩擦也会增加。

个人空间因人而异，女性比男性要求的个人空间更大。个人空间防止陌生人侵犯，但是如果能巧妙地进入其中，则会增加彼此的亲密感。男性的个人空间是纵向延伸的，所以，来自对面的闯入者会令其不安，女生的身体两侧比较敏感，并排坐着说话，可能会侵犯她的个人空间，但这也是打动女孩芳心的好方法。

男人和男人之间的对决通常是面对面进行的。黑帮片中的大哥在收拾小弟时都是正面恐吓，把脸贴上去，眼睛瞪得大大的，利用的就是彻底入侵个人空间的原理。另一方面，这也决定了，男性对"回眸一笑"毫无抵抗力。女生则钟爱散步、看电影这种手牵手、肩并肩的互动。

为了维护公共场合的个人空间，人们动用奇思妙想，想出了诸多方法，比如香港城市大学的学生曾设计出"个人空间裙"——专为女生设计。设计者想要协助女性在公共空间捍卫个人领土。这条个人空间裙内置机械装置，原理和雨伞类似。内置的超声波感应器会探测到有人正在接近，这时，裙子慢慢打开，其他人就难以贴近了。这一设计虽然新奇，但也引来了诸多争议。

形形色色的门把手

门把手是日常生活中频繁接触的一个物件，看似简单，其中蕴涵的人体工程学原理却非常重要。门把手因为安装的场所不同，其外形结构差异很大，但是，所有的门把手设计都有一个原则，即符合"人——把手——环境"系统统一，从而让使用者感到舒适、安全、高效。

门把手的设计要符合人体工程学。门把手距离地面80厘米～100厘米，恰好处在手臂轻轻抬起就能碰到的位置，角度要适合使用者的手腕状态，同时暗示把手的使用方式。把手和面板的比例也要方便人的使用，比例合适，使用者感到舒适、方便，还能给人以美感。

不同场合的门把手强调不同方面的功能。在商场、酒楼、俱乐部、大厦等建筑的一层入口，通常安装玻璃门把手，以推拉门扇。玻璃门把手通常采用不锈钢，表面镀锌或氧化铝，采用拉丝工艺，其特点是品种多、造型美、用料考究、坚实耐用。房门锁门把手主要安装在公寓大门和室内房间上，一般采用纯铜、锌合金、铝合金以及不锈钢制造，配以拉丝和电镀工艺，具有耐磨、耐腐蚀的作用，能承受较大的拉力。

古代的门把手又称为门环，既发挥方便开门、关门的功能，还有装饰的作用，不管是王公贵族还是寻常百姓家，门把手的设计都起着装饰作用，其中恐怖的兽首造型还有驱邪避恶的功能。现代的门把手保留了把手的功能性，同时体现出设计感以及设计师的人文关怀。

你有见过装有橡胶棒的门把手吗？它是一款安全门把手，创意点在于，它能防止关门时人的手指被夹伤。门把手上延长出来的橡胶棒让门和门框之间产生了安全空间，当门被关上时，把手的橡胶棒和门框相碰，门无法立刻关闭，如果想要把门关紧，旋转把手，橡胶棒就会越过门框。设计师 Haikun Deng 考虑到门以及门把手的"感情"，设计了一款会自动弹出的门把手。当使用者用力摔门时，它就会自动弹出来，仿佛在警告使用者："你的行为已经伤害了我。"

产品设计师在门把手上做的文章不亚于室内设计。有的设计师把扳手做成了门把手，人会不自觉地想要搬动把手，特别符合设计心理学；有的设计师把门把手设计成打结的金属条，用简洁的元素构成一个完美的连接件；脚动式门把手安装在门底部，用脚轻轻勾住把手即可开门，这一设计避免了用手开门的动作，减少了细菌交叉感染的机会；喇叭门把手是一种非常逗趣的门把手，把手就像是一个橡皮球，既可以开门，也可以当门铃用，想要进入房间，无需敲门，捏一下把手即可，橡皮球咕叽咕叽地响起来，主人就知道有客到访；一种伸缩式门把手在关上门后可以被拉进室内，使得门外的把手消失不见，安装伸缩式门把手可以有效谢绝不速之客，没了门把手，外面的人死活也打不开门；还有一类门把手被设计成手枪的外形，按动手枪，即可开门，不知道设计者是不是一位手枪爱好者。

由于公交车把手每天都有数百人使用，很容易传播病菌，于是，设计师设计了一款拉绳式清洁把手，把手内置清洁胶棉，拉动拉绳，乘客就可以把不卫生的部分卷回盒内消毒，更换出干净的拉绳。不过，这个设计有一个弊端——不够安全。公交车把手最重要的是安全，不至于一拉就断，如果公交车把手都换成了细绳，乘客恐怕不会放心把整个体重交给它。

有一款采用组合代码设计的门把手大大方便了盲人。想要打开门，首先要输入一组代码，而这组代码恰好安装在门把手上，对盲人来说，摸到把手，输入密码，就可以简单地开门，再也不用为了找钥匙孔忙活半天了。

家庭主妇想要去超市买菜时，都会先打开冰箱，看一眼里面还剩什么菜，这个过程虽然时间短暂，但也浪费电力，而且不方便。于是，产品设计师设计了一款智能的冰箱把手，它能够记录每次放入、取出冰箱的食物，这样一来，不用打开冰箱门，就可以了解里面的东西。除此之外，它还能检验食物的农药成分，确保食物是否绿色安全。

日本的门把手制造商 UINON 推出过一款可看见屋内情况的门把手。门把手被设计成玻璃球的样子，只要靠近它，就能看见房间里的情形。对于注重隐私的人，想必不会想让别人知道自己在房间里做什么，不过，家里有小孩的人可能会喜欢这个设计——孩子整天把自己锁在房间里，父母不知道他们在干什么，透过门口的玻璃球，父母就可以随时观察孩子的动向，不至于焦躁不安。

汽车门把手，顾名思义是安装在汽车车门上的把手。汽车门把手的设计必须切合人手，造型、色彩与汽车整体协调，材质散发出金属光泽，增强汽车的高档品质。门把手是汽车设计中常见的配置，不过，在汽车的前身——马车上并没有门把手，准确地说，马车连车门都没有。后来工业革命来了，汽车工业高速发展，这时候，汽车也是没有车门的。随着车速变得越来越快，为了避免乘客被甩出汽车，车门才诞生。

一开始，汽车的设计以马车为原型：完全开放式的车身，只有后排乘客才配有车门，但是车门没有门锁，因为那时候还没有偷车贼。汽车有了封闭式车厢后，车门才从两个变成四个，同时配备了门把手和车锁。早期的车门把手矗立在车门上，随着人们更加注重汽车的外形美观，门把手逐渐扁平，甚至凹陷、隐藏。隐藏式的门把手保持了车身的完整流线型，一直到今天，这一设计仍然被应用到车身设计上。

现代社会，汽车门把手主要有两类：一是横拉式，一是上掀式。横拉式把手结构简单，强度较好，上掀式门把手外观好，不会凸出车身，风阻小，但是结构比较复杂，强度稍差。上掀式门把手多见于价格低廉的车型，车门较轻，门把手自然不需要太过粗壮，同时控制了制造成本。隐藏式门把手属于上掀式的一个分支，多应用在个性化的车型上。

现代城市，公共交通四通八达，人除了待在办公室、家里，就是待在公共交通的移动空间，因此，公交车、地铁、轻轨等场所的把手成了广告商瞩目的对象。比如印度尼西亚用代表暴力的拳头做公交车把手，以宣传反对家庭暴力；德国健身公司把杠铃变成了地铁把手；日本东京的信贷公司做广告宣传时用领带做地铁把手；美国的百事可乐公司则把全美3400辆公交车把手变成了炫酷的百事可乐易拉罐；IWC手表把公交车的把手带设计成手表样品的模样，这样一来，上下班的乘客就会关注到IWC的手表新品了；波兰的啤酒品牌Tyskie则把啤酒杯贴纸安在餐馆、酒吧和商店的门把手上，作为啤酒广告的一部分。

各种各样的门把手充斥眼球，但是没有设计师想要去掉门把手。首先，如果去掉门上显眼的把手，即代表着"这个门不是用来拉的，而是用来推的"。使用者能够明白门是用来推的，如果门上明显地写着"推"的字样，使用起来更方便。不过，去掉门把手并不是一个好点子，它不仅增加了成本，更重要的是，使用者需要通过两个层次的理解才能行动，无疑增加了思维的负担。因此，设计师不停地变换门把手的外形，以实现其不同功能，却从来没有人打算取消门把手。

建筑背后的心理学

2014 年，有"建筑界的诺贝尔奖"之称的普利兹克建筑奖颁给了 57 岁的日本建筑师坂茂。坂茂向来被誉为"建筑界的奇才"，他能为私人客户设计出优雅、富有新意的作品，同样能为社会公益贡献他的创造力。

坂茂是第七位获得普利兹克建筑奖的日本建筑师，在他之前有丹下健三、槙文彦、安藤忠雄等人，2013 年的普利兹克建筑奖得主同样是一位来自日本的建筑师——伊东丰雄。普利兹克建筑奖评委会特别强调了坂茂对硬纸管、集装箱等材料的运用。他对竹子、织物、纸板、再生纸纤维和塑料复合材料的运用极具创新性，长期以来，他对低成本、本地出产和可重复使用的材料非常感兴趣。

不管是私人住宅、企业总部、博物馆，还是音乐厅、民用住宅，坂茂的作品并不依赖高科技技术，而是以原创、经济和精巧著称。二十多年里，坂茂的身影出现在自然和人为灾害的现场，为灾民设计、构建简单、低成本的避难所。在构建救灾避难所时，坂茂喜欢使用硬纸管作为墙壁，因为它们价格低廉，可回收，还容易取材，便于运输、安装和拆卸。

坂茂的成就离不开他的家庭影响。父亲是丰田的业务人员，母亲是高级订制女装设计师，童年时，家里的房屋常有木匠来修缮，因此，他对木工活非常感兴趣。小学、中学时期，坂茂的美术很好，九年级毕业时，他设计了一座房子，获得了学校的最优奖项，并在学校展出。

高中时，坂茂一度对橄榄球入迷，后来，参加日本全国锦标赛惨败的经历使他放弃了成为职业橄榄球运动员的想法。对绘画感兴趣的他进入东京艺术大学建筑学院就读，并到纽约库伯联盟学校求学。他对材料的节约信念来自在日本的成长经历。小时候，他喜欢观察日本传统木匠工作时的场景，他们使用的工具、加工的木材以及工作时的举手投足都给他留下了充满神奇的记忆。

在建筑设计上，坂茂是以硬纸管闻名的。什么是硬纸管？举个例子就容易理解了。平时用的卫生纸中间都有一个卷筒，把这个卷筒放大，变成一根柱子，就成了盖房子的硬纸管。两者的材料是一样的。他多次采用硬纸管作为建筑材料，一方面，他发现看起来脆弱的纸管，实际上具有惊人的强度和耐久性，由硬纸管构成的建筑可以长期存在。另外，纸管制造简单，成本低廉，而且纸是可以回收的，废弃的纸张随时可以再次使用。

坂茂用纸管做材料，建造了近20座画廊、博物馆、住宅等现代建筑，其中包括美国纽约的"游牧博物馆"、德国汉诺威世界博览会的日本馆、法国蓬皮杜中心新馆和中国台湾的埔里纸教堂。这些建筑的材料或者来自废卷纸，或者来自再生纸，体现出坂茂"零废料"的生态设计理念。有趣的是，他用硬纸管设计建造的汉诺威世界博览会日本馆在经历了半年的风雨洗礼安然无恙，博览会结束后，日本馆被拆除，所用硬纸管运回日本，做成了小学生的练习本。

坂茂在东京、巴黎和纽约设有工作室，二十多年的时间里，他在世界各地设计作品，同时投身于各国发生的自然的、人为的灾难当中。1994年，卢旺达发生大屠杀，数百万人流离失所，如果用木材建设难民营，会造成森林资源的枯竭，而且，如果难民的房子盖得很高级，他们就会定居下来。于是，坂茂提出了用硬纸管建造难民收容所的想法，并被联合国难民署聘为顾问。1995年，坂茂创立了名为VAN的非政府组织，世界上哪里发生地震、海啸、飓风或战争，他就带着VAN的志愿者前往灾区。

1995年，日本阪神发生大地震，当时政府提供的安置房无法遍布灾区各处，想要住进安置房，民众必须迁移到离家很远的地方，不愿意迁移的人只能住在简陋的帐篷里。于是，坂茂为灾民设计了"纸屋"。他将填满沙袋的啤酒箱作为地基，用硬纸管垂直排列成为房屋的墙壁，用自粘防水海绵填充空隙，使建筑物的墙体防水，同时，薄膜材料制成的双层屋顶保证通风良好，夏天住在里面也很舒适。

地震过后，人们的基本生存需求得到保证，可是精神无处寄托，教堂毁于震后的一场大火，人们渴望一座新的教堂的出现。于是，坂茂用纸管设计了一座纸教堂。他用高5米、厚15毫米的纸管围出一个椭圆形的集会空间，让民众可以聚集在一起，在祈祷中获得心灵的安然。

2004年，日本新潟县长冈市发生地震，灾民按照惯例住进体育馆，可是，许多人住在一个广阔的空间中，难免会有不便，于是，坂茂设计了一种纸板隔墙，用粗纸管作框架，硬纸板做隔墙，使体育馆内分隔出一个个小空间，这样一来，每个家庭都有了属于自己的范围。简单的隔墙，给灾民带来了心理上的安全感，同时保证体育馆内生活的井然有序。

2008年，"5·12"汶川地震后，坂茂将他的纸管建筑带到了成都的一所小学，他用纸管为学生们设计了一座过渡性质的纸管校舍，三座九间全纸管屋架结构的教室取代了原有的两栋危房教学楼，纸管教室成为400多名小学生过渡性的教室。后来，他还在成都用硬纸管设计了一所幼儿园。

2011年，日本9.0级的大地震引发强烈震动，随之而来的海啸使得无数平民失去了栖身之所。作为应对自然灾害的临时建筑，庇护所不需要存在很长时间，但是应遮风避雨，让无家可归的人有一处安身之所。地震之后，坂茂带着VAN的志愿者给灾区送去了一批建筑材料——纸板。

出色的建筑师都希望自己设计的作品坚不可摧，可以流芳百世，坂茂并不是完全不在乎这些，但他乐于为那些临时的纸建筑而忙碌。他认为："简单以营利为目的的建筑，即便它是混凝土构造，也是昙花一现，难逃被拆除的命运。如果建筑得到人们的尊重和喜欢，即便是临时建筑，也可以像纸教堂一样，获得永生。"

设计师如果带着"人定胜天"的思想设计建筑，其作品是罪恶的，坂茂的设计遵从中国人"天、地、人"合一的谦虚观念，让作品和大自然结合在一起。他除了考虑用建筑创造舒适的环境，还考虑安全、经济、美观等因素，从坂茂身上我们可以看到他朴素的人道主义精神。坂茂曾经说过："我愿为受难的人，造更好的房子。"有史以来，建筑师都是和社会特权阶级密切相连的，人们用金钱、政治力量聘请建筑师，以体现财富或地位。坂茂却一直为穷人发声，他关注发生在世界各地的自然的、人为的灾难，为那些居无定所的人伸出援手。因为坂茂用脆弱的纸建造了坚固的纸教堂、纸建筑、纸博物馆，为此，他获得了许多称号，如材料大王、绿色建筑师、人道主义建筑师。

作为建筑师，应该懂得用形态、色彩、材质等激发用户的心理，改变用户的行为。举个简单的例子，炎热的夏天，如果没有空调，也没有风扇，燥热会让人变得烦躁，丧失工作热情，工作效率降低，甚至出现失误。一只挂在檐下的风铃则能让人的心绪从浮躁变得安宁，不管是清新的外观，还是悦耳的声音，都能让人的行为举止变得自在、从容些。

坂茂设计的四角形卷筒卫生纸便是设计改变用户行为的最好例证。坂茂设计的卷筒卫生纸，中间的芯是四角形的，卫生纸卷在上面，就成了一个方形。平常的纸筒都是圆形的，使用时，轻轻一拉，纸张顺势被抽出，在抽取四角形纸筒时，产生的阻力比圆形纸筒大，拉扯纸张没有那么顺利，从而造成用户的不方便。圆形纸筒以方便使用者为目的，坂茂的方形纸筒则以给用户带来不便为目的。这一设计能够激发用户的节约意识，另外，方形纸筒在排列时不会像圆形纸筒那样留下空隙，从而节约了空间，降低了制造和运输的成本。

产品设计，说到底是行为设计，设计满足用户的需要，同时对用户行为起引导作用。当设计师的意图和用户的习惯行为不完全对应，就会出现新的设计产品，如四角形卷筒。另外，四角形卷筒也让人们看到了设计的批判性。设计师并不是永远宠溺用户，按照用户的习惯设计产品，有时候，设计师会将对社会行为的批评态度诉诸产品当中，通过产品的性能影响用户的行为。人们从圆形纸筒和四角形纸筒之间也能看到设计的批判性。

五彩缤纷的心理学

　　脸书（facebook）是创办于美国的一家社交网站，创始人是美国人马克·扎克伯格。脸书是一个鼓励人们分享照片的站点，网站名字facebook的灵感则来自美国传统的纸质"花名册"。

　　脸书具有一切把人们连接起来的能力，用户可以创建自己的简历，上传照片和视频，还可以给朋友、家人、同事发送短消息。脸书的不断壮大让人始料未及，短短几年，脸书的访问量已经超过谷歌，成为美国访问量最高的网站，它正在成为人们和世界沟通、连接的重要手段。

　　即使生活在未被脸书覆盖的区域，大多数人也见过脸书的logo：蓝底下端的一条白杠，配有白色字体的f字样。2013年4月20日，脸书更新了自己的主logo及相关的图标设计，主logo中的那条白色被去掉，f字母下移，其他相关图标则统一变成了蓝底配白色图案。为什么脸书坚持蓝白配色呢？在揭晓答案之前，我们先来讨论下logo配色中的心理学吧。

　　提到这些品牌名称，你一定会马上想到它们的logo配色：苹果、维基百科、纽约时报使用灰色；星巴克、蒙牛使用绿色；戴尔、IBM、大众汽车使用蓝色；芬达、亚马逊、火狐使用橙色，法拉利、麦当劳使用黄色……不同的颜色代表了不同的情绪，同时代表着企业想要传达的产品理念。

　　面对一个鲜活的logo，人脑首先接收到的信息就是它的造型和色彩，如果要问造型和色彩哪个更重要，无疑是后者。即使设计了独特的造型，色彩平庸，搭配不当，logo 也无法夺目。商业 logo 的色彩不外乎红、黄、绿、青、蓝、灰、黑这几种，延伸出来的颜色则是渐变和深浅变化的效果。

颜色对于品牌认知有重要影响。谷歌、微软和易贝使用的颜色已经成为他们的品牌标志之一。如何区分可口可乐和百事可乐？这个问题连小孩子都会回答：前者是红色的，后者是蓝色的。今天，可口可乐和百事可乐的 logo 配色已经成为经典。可口可乐使用红色，因为红色是最醒目的颜色，且符合可口可乐老少皆宜，通俗大众的消费定位。

作为竞争对手，百事可乐不可能完全模仿可口可乐，于是，百事可乐选择了蓝色，蓝色代表着活力，同时体现出水的特性，百事可乐的消费群体也定位在充满青春活力的年轻人身上。不过，不知你发现没有，百事的 logo 中依然保留了一部分红色，算是作为竞争对手的微妙心思吧。

随着 logo 和品牌认可度的关系变得密切，各个行业、各个企业都有了区分彼此的色彩象征，色彩亦形成了独特的视觉感观，使得企业图标更加个性化。通信行业大多喜欢蓝色——象征科技的颜色，唯有中国联通使用红色。最早使用蓝色的企业是 IBM，IBM 的蓝色 logo 引领世界科技风潮数十年。近些年，黑色和灰色逐渐成为配色主角，给人带来一种沉稳的品牌认知，比如苹果。

网页设计非常考验工程师的颜色观感，不知道你有没有留意，大部分网站的按钮颜色都不会超过三种，指示用户采取行动的按钮固定使用一个颜色，比如谷歌的"搜索"按钮是蓝色的，推特的"注册"按钮是黄色的。Logo 设计中有一个考验效果的妙招。理论上，如果 logo 在黑白情况下效果不好，配上其他颜色也不会出彩，反之，如果一个 logo 经得起黑白考验，合理的配色将变成锦上添花。

颜色是一个视觉通信装置，logo 的颜色帮助确定了产品和消费者的关系，同时还会唤起消费者的情感和回忆。调查显示，面对一个新产品时，纹理、声音、气味只有 1% 的影响力，其余影响力来自颜色，85% 的消费者在购买商品时受颜色的影响——人类的心理和生理都会受不同颜色的影响。另一个研究表明，颜色会增加品牌的知名度。更重要的是，颜色会决定人的购买行为。这也是不同产品选用不同颜色的原因。

通常情况，白色给人洁白、纯净、平和的感觉，比如世界野生动物基金会（WWF）的 logo 便是白底黑字配一只熊猫；黄色给人明亮、快乐、温暖的感觉，而且，黄色波长很长，能见度高，容易吸引人们的注意，比如麦当劳的招牌；红色能激起人们血液中的兴奋感，让人充满激情，红牛使用两只红色的牛低头相对的图案作为标志，传递给消费者的正是强壮、富有激情的产品信息；蓝色属于冷色系，容易让人联想到权力、安全和成功，适合贸易、科技、法律和公共事业，蓝色是 logo 最喜欢的颜色之一，政府机构、药品行业都喜欢使用蓝色。

关于户外、环保、自然等议题绝对少不了绿色，大自然的颜色就是绿色，树木、叶子、青山绿水，都是绿色的。大自然等于绿色，这一点没有人会有异议，因此，绿色成为环保的代名词。绿色在医药、科学、环保、旅游、政府机构的图标中出现频率最高。

男性和女性对颜色的喜好差异很大。在一项调查中，35% 的女性喜欢蓝色，接下来依次是 23% 的紫色、14% 的绿色，其中橘色是最不受待见的颜色。专攻女性市场的品牌，如化妆品，都会考虑女性的颜色偏好，对于不受欢迎的颜色，如橘色、棕色、灰色等，绝对不会在其产品专柜或网站首页上出现。至于粉红色，很多人错误地以为女性对粉红色没有抵抗力，其实很少女性将粉红色列为"最喜欢的颜色"。

男性则偏好蓝色、绿色和黑色，这些颜色可能让他们表现出更强烈的男性气息，紫色、橘色和棕色则不在大多数男性的考虑之列。蓝色代表信任、和平、秩序、忠诚和宁静，蓝色具有让人冷静的作用。虽然蓝色在 logo 设计上被大量使用，但是蓝色和食物的关系并不密切。从进化心理学的角度看，蓝色食物通常是有毒的，蓝莓除外。因此，节食的人通常请蓝色帮忙。

黑、白和金银色通常用来做奢侈品的标志，比如香奈儿、普拉达、迈克高仕等，以显示其高贵的品位和含义的复杂。黑色代表优雅、永恒和力量，高端精品设计师多使用黑色，比如香奈儿的经典小黑洋装，香奈儿的首席设计师卡尔·拉格菲尔德出席任何场合都是一身黑白加墨镜的装扮，尽显其时尚界恺撒的风采。

虽然 logo 设计早已摆脱了呆板的规则，设计师可以更自由地配色，朝着彰显个性的方向发展，但是，大众化的客户中依然有一些色彩禁忌。比如，通信行业绝对不会使用黑色、灰色作为图形颜色，奶产品主要以绿色、蓝色为主，代表自然、健康，公益组织、团体、协会等大多使用暖色调。

现在来揭晓开篇那个问题的答案吧。脸书为什么是蓝色的？从最初蓝底一侧的人脸配以白字的 facebook 字样，脸书的 logo 几经更迭，始终不变就是蓝色作为主色调。为什么呢？其实答案很简单，因为扎克伯格是一个红绿色盲，蓝色对他来说是最容易分辨的颜色。不过，扎克伯格对蓝色的选择并非个人因素主导，细数一下，使用蓝色的科技企业不只脸书一家，戴尔、惠普、推特、英特尔等科技界大品牌的 logo 都是蓝色的，科技界的广泛使用使得蓝色更贴近专业和信任，想必这也是脸书想向用户传递的信息。

2014 年 5 月，脸书公布了它的官方卡通形象——一只卖萌的小恐龙，名叫"Facebook Dinosaur"，这只小恐龙出现在网站的许多地方，负责检查用户的隐私是否被过度分享。有网友说，这只恐龙特别像在电脑前聚精会神工作的扎克伯格，为此，人们给它取名"Zuckasaurus"——Zuckerberg 与 Dinosaur 的合体。小恐龙的原型是否是扎克伯格尚不可知，不过，有一点肯定是和这位 CEO 有关系，小恐龙也是蓝色的。

椅子上面的心理学

为什么建筑大师喜欢设计椅子？这是一个问题。

有的建筑师喜欢大包大揽，设计完建筑外观，就开始插手室内空间和家具；有的建筑师则在某一阶段用家具试验自己的主张，其中不乏经典的椅子、沙发作品；有时候，建筑师完成建筑设计后，对内饰和家具非常不满，遂主动设计家具。

椅子和桌子、柜子不同，它对尺寸、比例、结构、材料、细节的要求更严格，能够设计出一把舒适的椅子非常不易，许多人正是通过设计椅子成为大师的。另外，设计椅子和设计建筑的思路非常像，设计者要考虑外观、材料、实用性与艺术性的合理搭配。椅子具有展示作用，还要有强烈的空间感，于是，一些建筑师会把设计椅子当做"副业"，勒·柯布西耶就是把设计椅子当做副业的建筑师之一，他设计的躺椅(Chaise Longue chair LC4)是美国现代艺术博物馆最重要的收藏品之一，乔帮主每次发布会坐的椅子也来自柯布西耶之手——那张经典的皮革钢管椅。

从功利的角度看，相比其他家具，椅子更受消费者关注，设计师作为消费者，也非常关注椅子，而且，椅子的投资成本小，出来的成品更容易使设计师成名。对于建筑师而言，椅子并不是简单的题目。虽然和偌大的建筑物相比，椅子是一个相对简单的产品，但是对建筑师来说，设计椅子和设计房子差不太多。现代派建筑大师密斯·凡·德·罗曾说过，椅子是一件很难设计的物品，摩天大楼则容易得多。虽然这么说，他还是设计出了最著名的巴塞罗那椅——即使是副业，椅子同样能表达建筑师的主张和风格。

对于试图将椅子放置在公共空间的设计师来说，需要考虑的就不只是个人风格和灵感了。公园、广场、车站、码头，这些城市空间都少不了公共座椅。人们逛街、逛公园，走路时间长了，难免腿软脚软，这时候，有张长椅坐一下、靠一下是再好不过了。

设计公共座椅需要考虑的问题很多，如材料结构、人体工程学、环境因素、用户心理体验等，综合这些因素，设计出来的产品才符合人们的需求。一把舒适的椅子，势必要符合人体工程系的原理。

舒适的坐姿才能让人的腰部肌肉处在放松状态，流向双腿的血管不至于受到压迫。正常情况下，上体和大腿形成90°～115°的夹角，腰椎部有所支撑，小腿向前伸，人会感觉比较舒服。躯干挺直、前倾都会引起疲劳。

此外，公共座椅不仅要具有独特个性，还要体现出地域特色、人性化设计、美感和对历史文化的继承。一味地复古，一味地赶时髦，或者丝毫不考虑与人、环境的结合，这类设计必将失败，受到使用者的冷落。看看某些城市火车站候车室的全金属座椅吧，设计者根本没有考虑过使用者的生理、心理需要，冬天、夏天都让用户感觉不到舒适。

观察下各种商场、公园的长椅，大多数设计师只顾着拗造型，根本没考虑使用者的心理。比如费城8号线地铁站中的金属长椅，人们只觉得那是一件艺术品，不会把它和舒服、放松联系在一起。华丽的外表，全金属的材质，由金属管焊接而成的座位和靠背，从远处看，仿佛是一段DNA片段。

作为艺术品，这张长椅独具个性，但是设计师忽略了一点，地铁里的长椅是给人坐的，不是给人看的！设计师在志得意满地施展才华时，脑海中并没有想到地铁里来来往往的行人，他只想设计出椅子供人观赏，并不邀请任何人坐上去。连8号线的流浪汉都深深地感觉到，设计师可不希望他们在这张椅子上停留。

人们想要休息时，首先想到的便是长椅。长椅空间够大，有靠背，坐上去可以让僵硬的四肢彻底放松一下。人们愿意坐下来，坐下来后感到休息和放松，这是长椅设计者首先应该考虑的。公共空间的长椅，同时兼具实用性和艺术性，而且，前者是它的本质功能。

土耳其设计师 Mutlu Klner 考虑人们是否愿意与人交流，设计了一款特殊的公园长椅——碰碰椅（Sliding Bench）。碰碰椅和普通的公园长椅结构相似，但是，长椅被分割成单独的单人椅，而且固定在轨道上，可以自由滑动，如此一来，人们可以自由选择，想要和陌生人交流，便把两个单人椅合并到一起，想要静享独处，则可以将椅子滑到一边。

一位来自丹麦的艺术家设计了一套主题为"街头长椅"的户外座椅，他将长椅的外形改变，放在不同的公共空间中。人们努力调整姿态，使身体适应椅子的形状，之后，人们发现了看世界的全新视角。这时候，椅子不仅是一个供人休息的物件，而且给了人们出乎意料的心理感受。

设计师 Attila Jonas 设计的一款公共座椅——多功能公共长椅（Flip-Floppin' Bench）是一个独特的框架结构，使用者可以在垂直和水平方向旋转长椅，就像旋转木马一样围绕支撑轴旋转，垂直部分可以遮阴和避雨，可谓一个极富创意的设计。

长椅上，人们都是和熟悉的人坐在一起，做亲密的举动，因为人们渴望和熟人、信任的人分享心情；与陌生人合坐时，则尽量各守一边，或者背靠背，避免与陌生人的目光交流。此外，人坐在长椅上休息时，或者面向有优美景色的一侧，或者面对有艺术表演的一侧，究其原因，景色或者表演能让眼睛从混乱的场面中解放出来，给人舒适的感觉。

西湖美景吸引了游人驻足观赏，恋人们也喜欢坐在西湖边的长椅上说说情话，在西湖的苏堤、白堤进行改造时，设计者特别减少了长椅的数量，增加了椅子之间的距离，从而让谈恋爱的情侣可以拥有更多的私密空间。摆放的长椅大多适合两个人坐，体现出设计者的人性化视角。

公共空间的长椅是整个城市的家具，它不一定消解陌生人之间的隔阂，让城市人亲如一家，但至少为人们提供了一个舒适、自在的空间。长椅的设计，不仅要考虑其艺术性，还要考虑它将被放置的环境，因此，材质的舒适、环保以及制造成本都要考虑其中。

芝加哥的一座小型公园里，长椅被设计成了弧线形。在环境心理学家奥古斯丁看来，弧形长椅为人际交往提供了更多可能。人们可以坐在长椅的任何位置，面对陌生人，可以迎面相对，开始交谈，也可以避开目光，享受独处。不愿意被人打扰，则可以坐在一角，保留私密空间。

有时候，公共空间的长椅也会被商业公司利用。新西兰一家广告公司想到一个利用公园长椅宣传商品的好点子。他们将某品牌产品的广告刻在公园长椅上，当有穿热裤的姑娘坐在长椅上，腿部就会被印上广告的图案，接下来，穿热裤的姑娘就变成了活体广告版，帮助广告公司传播信息。当然，这个点子也有考虑不周之处，想要看仔细的男士容易被怀疑有性骚扰的企图。

第五章

心理学告诉你职场的奥秘

我们需要培养怎样的职场个性来应对办公室里的风云变幻？如何战胜拖延的恶习，提高自己的工作效率？遇到让自己讨厌的同事，我们又该如何自处？当你陷入职场谣言的漩涡的时候，如何才能走出迷魂阵呢？

明确自己的职业目标

《士兵突击》中，有一个被人遗忘的草原五班。那里只有五个兵，他们没有考核的要求，也被过分充裕的时间磨掉了上进心。除了班长老马例行地巡查自动化的设备外，其他人没有人出操，没有人做列队动作，没有人练习瞄准。

由于日子太过无聊，他们打牌、织毛衣、写小说、取外号，却永远没有人做一个士兵该做的事。五班从来不需要整理内务，也不会开一个真正的班会，所有人最后一次跑五公里越野还是新兵连的时候。

他们并不知道自己驻守在草原上的意义，于是，每个人身上都沾染上了一种不得志的怨气。服役年限最长的班长，上级年年都说他有机会高升，结果年年都升不了，直到最后，老马还是在要退伍回家。

许三多的到来并没有让原本懒散、随便的五班发生变化，他自己反而成为了众人取笑的对象，他的名字也从许三多变成了许木木。直到班长临走，对五班的所有人说了一句："别再混日子了，小心让日子把你们混了！"浑浑噩噩度日的人们才开始有了一些醒悟。

职场上的新人往往都带着好奇心和初生牛犊的激情，想象着职业生涯的未来，计划着自己的生活。可是，一旦在职场中的某个位置固定下来后，却又很快陷入混日子的工作状态。每天上班、下班，周而复始，被规律的

127

生活限制了头脑，也消磨掉了上进的激情。

毕业后，吉姆进入了一家新兴的互联网科技公司。这家公司被报纸评为最适合工作的公司之一。吉姆正式入职后，才发现一切都超出了他的想象。

公司除了工资优厚，福利好之外，工作环境更是令人赞不绝口。身边的同事都是同龄人，让工作的气氛显得更轻松愉快，有时候，吉姆甚至会产生错觉，他不觉得这像他供职的公司，感觉更像是熟悉的大学校园。

在舒适的环境下生活太久后，人就会安于现状，也会变得懒散起来。令吉姆重新考虑职业规划的不是他本身的自觉，而是来自他人的友情提醒。

在毕业一周年的聚会上，吉姆见到了大学时期的好友。塞克在一家汽车公司做业务员，负责南方四州的业务，经常需要出差，不过他乐此不疲；道格拉斯继承了父亲的洗车行，正准备买下街对面的店面，扩展洗车行的业务；霍华德则在准备第二次的司法考试，虽然他已经失败了两次，但是依旧斗志昂扬。

吉姆和好友说起自己的工作，除了薪水被他们一再称赞之外，吉姆觉得自己好像是退休在家，享受丰厚养老金的老头，工作上没有一点能够拿出来炫耀的。回想一下，事实也的确如此。他的工作不需要太费脑筋，也没有什么职业目标可言，除了让他觉得生活宽裕、日子轻松之外，没有一点让他觉得快乐的。

吉姆不想从二十五岁就开始混日子，从二十五岁就过起退休老人的生活。如果真是这样的话，他已经不敢想象，未来的几十年要怎样过。重新考虑了自己的职业目标后，吉姆辞掉了工作。

一个人的人生目标决定了自己的职业目标，职业目标同时还会决定一个人的职业选择。作为刚刚毕业的学生，可能觉得人生有着无限的可能，可以做任何的选择。可是，时间慢慢流逝，你是否能够依旧保持年轻的心态，是否能够保持目标不变，继续跋涉在前进的路上。

童华今年四十岁，站在人生最尴尬的时间点上，回望职场上摸爬滚打的二十年，她不禁满腹感慨。转眼一瞬间，她从一个天真的小姑娘，变成了独当一面的职场老人，有收获，有遗憾，但是她从来没有丢失目标，没有放弃过努力。

二十岁时，童华从技校毕业，进入一家工厂做技工。当时，她最大的目标之一就是从车间转入办公室，做管理层的工作。另外一个目标则是找一个体贴的老公，生一对儿女，过幸福的生活。为了从车间转入办公室，童华一边工作，一边念夜大，学习管理学的知识。

三年后，工厂的后勤部内部招聘，童华顺利考进前三名，从此告别车间，成为了一个在办公室上班的员工。与此同时，她也没有放弃过寻找生活中的幸福。她想要在本厂找一个技术工人，可以一起上下班，生活上也方便照顾。于是，在推掉几个其他行业的相亲对象后，童华遇到了未来的老公李晨。

结婚后，生活稳定了，童华却从来没有因为家庭琐事而放弃工作上的进步。有一次，由于工作需要，厂里需要一个速记员。由于速记是新兴事物，根本没有人接受过培训。此时，众多女员工都结了婚，每天工作家庭两边跑，原本就很辛苦，没有人愿意花时间去培训。

可能是童华的骨子里向来有一股拼劲，喜欢学习新知识，也喜欢迎接挑战。她说服了老公允许她利用业余时间去参加培训，没想到，仅仅两个星期的时间，她的速记水平已经勉强能应付会议记录了。当时，厂里正接待一批外宾，童华现学现卖的手艺也正好派上了用场。

直到现在，厂里进来了许多年轻人，童华依旧带着求学的态度和他们一起学习。新的知识，新的管理理论，好像一切未知的事物都能引起她的兴趣。虽然老公一再说："这么大岁数了，你再努力也赶不上那些年轻人的。"不过，童华依旧享受这种不松懈、不混日子的态度。

做好自己的职业规划

十年前，苏珊在家乡的银行担任一名业务员，同时在城市里的一所大学主修财务管理。忙碌在学校和工作之间，她每天除了睡觉，已经没有时间做任何事。这一切都是父母的安排，他们希望女儿将来能够协助哥哥管理公司的财务，而所有人都不知道，其实苏珊最喜欢的是写作。

因此，只要能够节省出来一分钟，苏珊都会拿出纸和笔，将写到一半的故事继续写下去。她知道自己缺乏足够的文学修养，也没有经过专业的写作训练，不过她是真心地喜欢写作。她最大的梦想，就是未来的某一天，自己的作品能够受到读者的赞扬。

一次偶然的机会，苏珊联系上了一个大学时期的学姐。她叫做玉瑾，曾经是校刊的副主编。当年，她曾是闻名整个大学的人物，刚刚二十出头的她就开始在报纸上发表作品，还有一部小说得了奖。不过，她现在已经嫁为人妇，放弃了写作，专心地享受着家庭生活。

苏珊跟玉瑾说出了自己的心愿后，本来想要请她帮忙联系一些出版商，看看手头的这部小说能不能有销路。没想到，玉瑾突然冒出来一句话："苏珊，你应该想象一下，五年后你在做什么？"

苏珊愣了一下，说："我还没想过这个问题。""那就现在想吧！在你的心中，五年后，你最希望过什么样的生活？"苏珊思考了一会儿，说：

"五年后，我希望我的小说能够出版，然后获得读者的好评。"

听苏珊说完，玉瑾有些吃惊，"就这一个愿望？""嗯，就这一个。""好吧，那我们来规划一下你的生活。"玉瑾严肃地说，"如果第五年，你的小说要在读者间传阅，那么，你第四年就要将书稿完成，然后开始寻找出版商。这样的话，你第三年就要着手写作，第二年就要阅读完写作需要的材料，第一年就要选定你要描写的对象和题材。"苏珊听玉瑾一年一年地规划着，如同坠入五里雾中。"好了，那么从现在开始，你知道自己要做什么了吧？"玉瑾笑着说。

到第二年春天，玉瑾拿到了财务管理的硕士学位，然后辞掉了银行的工作，从家乡搬到了北京。她一边做些文字的工作养活自己，一边完成手头上的小说。

苏珊将第一部小说完成时，花了两年的时间寻找出版商，结果销售成绩并不理想。从第三年开始，她重新构思了一部小说，用了八个月的时间成稿，不过，寻找出版商的过程依旧艰难。

说也奇怪，在第六年的时候，苏珊开始收到一些读者来信，称赞她的小说，并且期待她的新作品。在苏珊着手准备第三部小说时，她忽然想起了玉瑾说过的话，想象一下，五年后你在做什么？

可以说，任何一个有远见的人，总是在别人睡觉的时候就开始规划，当别人醒来的时候就开始行动了。并不是一定要买别人不看好的股票，然后收藏起来才算远见，对内心目标长久的规划也是一种远见。

当你工作迷茫的时候，当你觉得日子过得淡而无味的时候，不妨问问自己，五年后，我应该在哪里？在做什么？会过着什么样的生活？在这样的追问下，你会清楚地知道自己想要什么，也会在迷雾中重新找到人生的方向。

不要带着功利心去想，五年后什么会赚钱，什么会变成流行的产业，什么能让你捞上一笔。社会的潮流永远在变，但是内心的方向是不会变的。在自己真正喜欢，或者真心想要做出成绩的领域做选择，这样的话，你不仅会收获五年后的成绩，更会享受与它相伴的每一天。

培育成熟的职场个性

不知从什么时候开始，"张扬个性"成为年轻人口中的流行词，甚至成为大多数人的行为方式。张扬个性的人穿衣服不喜欢和别人一样，娱乐方式也不喜欢和别人一样，甚至，工作的方式也要别出心裁。可是，当人们史无前例地张扬个性的时候，却每每被现实打压，在职场中受挫。搞不懂缘由的人不禁要问一句，难道张扬个性有错吗？

一个人保有自己的个性无可厚非，然而，不要忘了，人还是一种群居的动物。尤其是在职场上，作为一个系统的部件之一，在保留自我个性的同时，更不应该忘记，要遵守游戏的规则，要让自己在系统内部存活下去，即在存身立命的前提下保留自己的特点。如果说，你的个性没有让你变得独特，没有变成你征服别人的个人魅力，反而让你满身棱角，处处伤人，无法和周围人相处，那个性的意义又何在呢？

刘鹤每次面试，HR 都会大为惊讶地问他一句："你工作三年多了，为什么棱角还没有被磨平？"第一次听 HR 这么说，刘鹤感觉还好，至少自己还没有被乌合大众同化，当听了第三遍、第四遍时，难免心中有些悲凉。难道，我的棱角犯了错？

回想起以往的工作经历，刘鹤一直都是"与众不同"的人。当上司发布新的业务规划时，他永远是那个直言不讳，大胆说出其中纰漏的员工；

当同事之间开始恶性竞争，每个人为了业绩不择手段的时候，他永远是那个站出来反对，反复强调良性发展的人。因为他的真实，他喜欢讲实话的个性，因此屡屡被同事排挤，有时候，连对他大为赏识的上司都感到吃不消。

其实，在刘鹤的印象里，他永远会被人群中那个闪亮的人吸引。在面无表情，被灰蒙蒙的乌云笼罩的人群里，一个朝气蓬勃，散发着青春、阳光的年轻人，总是会得到更多的注意力和关注度。刘鹤的想法，就是做人群中那样的人。

他不想让自己从说话到走路，甚至连长相都变得 Professional，像所有公司的小白领一样，放下真实的自己，朝着"稳重、谦卑、温和、淡定"的方向努力。似乎没有什么能够让自己激情澎湃，也没有什么能够激起内心的狂野，让心中的热血永远压抑在冰冷的面孔下。那不是他的追求。

然而，面试中的屡屡碰壁也让刘鹤的内心开始动摇。因为，每个 HR 和他交谈过后，都惊叹于他活跃的思维和充满激情的头脑，但是，所有的 HR 都担心他进入公司后会不合群，无法和同事良好合作，也担心他会将客户搞抓狂，甚至将一个团队折腾散。

一个年长的 HR 对他说："或许，你现在需要做的，不是找一份能够体现能力、施展才华的工作，而应该寻找一个需要团队合作的机会。在与人合作中，放下心中的想法，放下你那些所谓的个性，试着去融入一个团队，尝试一下与他人合作的滋味！"

当然，刘鹤深深地鄙视一下那个 HR，大声地强调"我永远都做我自己"，然后潇洒地走出去。但是，几个月过去了，他的老问题重新出现在新的公司里。同事们对他敬而远之，上司为了他出色的工作能力，忍受他的臭脾气和"仗义执言"，不过，这样的工作氛围并没有让他享受到工作的成就感。

半年后，刘鹤再次辞职。这一次，他想要尝试那位 HR 的建议，放下自己，丢掉个性，尝试着融入一个团队，去体会为他人着想、与人合作的生活。

有一部分职场人，常常感叹自己的命运多舛，时运不济：和同事相处不来；工作能力出色却不受上司的待见；每天卖力地工作，却好像永远看不到升职的希望；换了一个又一个工作，问题依然存在，好像走入了被诅咒的命运轮回，永世不得超生了。

其实，问题原本没有那么严重。在这些人的面前，都有着一堵冰冷而坚实的墙，那就是他们一再强调的"个性"。一个有个性的人，有自己独立思考、不同见解的人，固然容易成为职场上的佼佼者，前提是，个性不应该变成尖锐的棱角，伤害到身边的人。成熟的职场人，应该学会在保留个性的同时，平衡好自我与外界之间的关系。

实际上，和同事、上司积极地沟通，建立良好的人际关系和保持个性并不是矛盾的关系，同时，"个性"也不代表着"任性"。坚持个性是在做事和决策上保有自己的风格和原则，对坚持的事情不会因为他人的压力而妥协。但是，带着"个性"面具的任性胡为却只是幼稚的"小儿科把戏"，除了断送自己的职业前程，不会有任何好处。

一冲动，Ella 从工作了五年的公司辞职。虽然终于发泄出了心中的不满，长久的积怨也得到了释放，可是她发现，冲动下的辞职不仅让她的生活节奏紊乱，新的工作机会更是遥遥无望。

Ella 从毕业开始，就一直在 V 公司的市场部工作。由于她的工作态度诚恳，肯动脑筋细致研究，因此颇受经理的器重。于是，在很多市场推广方案上，Ella 都能够大展拳脚，做出了许多评分颇高的方案。可是，从去年开始，经过一次大型的人事变动之后，市场部的经理换了人，Ella 的苦日子也随之来临。

Ella 从来将工作和生活分得很清楚，同时，她还提倡快乐工作、快乐生活的理念。因此，她在办公室里一边听音乐，一边工作，到了下班时间马上走人，开始安排个人的生活。相反，新的经理是那种严肃刻板、希望员工每天加班到深夜的苦干型上司，于是，他从一开始，就对 Ella 的行为颇为不满。

Ella 看出来两个人的工作节奏有些不合拍，但是，她没有马上去和经理沟通，反而觉得老板是在处处刁难她。在她连夜赶出来的推广方案被经理否定后，她对经理的不满就开始激增，不仅继续按照自己的方式工作，还在会议上和经理唱反调。

面对不喜欢的下属，经理当然也有自己的对策。于是，带领实习员工的机会轮不到 Ella，出席交流会议的机会也没有她的份，出国培训的机会更是和她一点都不相干。在被经理放任自流半年后，Ella 终于和经理爆发了冲突，两个人在办公室里大吵了起来。一气之下，Ella 递交了辞职报告。

有人说，职场"无个性"就是最大的个性。因此，有些人宁愿相信"出头的橡子先烂"的道理，收起自己的独特见解，将真实的自己隐藏在千篇一律的面具之后。实际上，并不是职场不允许个性的存在，而是要收敛不合时宜的个性，将个性在合理的场合、时间和能够理解的人面前展露出来。

摸透上司的心思

你的上司是一个怎样的人，他是让人敬而远之，还是让所有的员工都感到亲切？你和上司的关系是否相处得不错，是虚与委蛇，还是真诚以待？身在职场的你，能否在上司的口气、表情和手势中看出他的真实意图，往往决定着工作中的行为方向。

每个人的个性都不尽相同，每个作为上司的人也一定有自己的个性和思维习惯。透过细致的观察，你就会发现上司的独特习惯，也会在这些近乎成为定势的习惯中看透上司的性格与心理。这样一来，即使你不希望得到上司的器重和提拔，至少能够与之和平相处，不会犯下太离谱的错误。

部门经理鲁彦是一个对工作特别细致的人，他只允许自己犯少许的错误，因此，他对下属的要求也非常严格。可喜的是，无论哪个下属犯错，他都会真诚地相待，善意地提示对方，帮助下属尽快改正。

鲁彦从上个月的工作记录中发现，新来的小李总是在犯同一个错误。按照他的经验，可能由于小李内心急躁，急于求成导致的，于是，他决定找小李谈一谈。小李来到经理办公室之后，鲁彦考虑到照顾他的自尊心，并没有马上提他工作中犯错的事，而是大概询问了一下他的工作状况和生活状况。

令鲁彦生气的是，从始至终，小李都低着头，不吱声，也不和他交流，给人一种心不在焉的感觉。鲁彦火气一下子窜到了头顶，他对小李吼道："你有没有在听我说话？"小李吓了一跳，坐直了身子说："有，有啊，我一直在听，您继续讲！""那么，当我和你说话的时候，你看着我行吗？地面上有什么好看的？"

小李不明就里，只好硬着头皮盯着经理的脸，继续听经理讲经。说到最后，鲁彦终于将话题绕到了小李的错误上面，并且叮嘱他："每个人新来的员工都会经历心里着急的过程，不用担心，让自己慢下来就好了。"鲁彦教导完毕后，说："那好了，你回去工作吧。"听到鲁彦的话，小李舒了一口长气，说："这样就完了吗？一直听说您对员工要求严格，我还以为您要开除我呢！"鲁彦笑笑说："你看我的表情，像开除人的样子吗？你连我的脸都不看，怎么知道我在想什么呢？"

在职场里，读懂上司的真实意图要比埋头苦干更有意义。不了解上司意图的人，尽管工作努力，也很难有表现的机会，更不用说做出出色的成绩了。如果恰好心中所想和上司的想法背道而驰，那就真的变成劳而无功了。

对于上司的性格、偏好、做事风格和语言特点，都进行一番研究的话，哪怕只是一个非常小的暗示，也会让员工对决策的方向产生强大的领悟力。那么，相比那些埋头苦干的员工，了解上司意图的人工作起来就会更加有的放矢，可以将有限的精力放在更重要的事情上。

俗话说，一个眼神胜过一千句话。在微表情的研究中，情绪永远先行于理智，也就是说，当一个人遇到刺激时，第一时间产生的反应一定是情绪反应，之后才会通过思维来分析，做出理智的判断。尤其是人在说话的时候，与其说是表达了一定的内容，不如说表达的是一种态度。因此，员工在听上司说话的时候，不仅仅是听话语的内容，更重要的是话语之间传递出来的情绪。

中秋节放假的前一天，办公室里所有人的精神都不在状态。下班之前，每个人都在想着明天的假日安排，渐渐地，一个一个都开始行动起来。有的人开始聊天，有的人在整理包包，有的人在打电话约朋友。

突然，主管从走廊拐了进来，看到大家精神涣散的一幕，留下一句"过几天总公司来检查，手头工作干好了，明天就好好休假吧"，然后转身走掉了。王柏没有把主管的话放在心上，继续安排第二天的出游。

放假第一天，王柏带着女友，和几个平日里的好哥们去了一趟市郊，体验了一次农家乐的生活。下午回来时，大家又出去聚餐、唱歌，玩得不亦乐乎。到了五点多的时候，王柏惊奇地发现，同事栏里的 QQ 头像都亮着。他知道，所有的同事都有一个习惯，只有在上班的时候才上线，业余时间都隐身的。在这个时候，所有人都在，也就意味着，同事们都在办公室里上班。

心中充满诧异的王柏拨通了一个同事的电话，经过询问，原来办公室的所有人都没有休假，真的到公司上班了，当然，除了他之外。王柏问原因，一个老员工说："昨天主管说总公司要来检查，工作干好了的可以好好休假，就代表着他对我们的工作不满意，那么我们怎么办呢？加班继续工作喽！"王柏听完之后快要吐血，心想，如果要求加班的话，直接说一声就好了嘛，何必搞得那么神秘，好像地下党传递暗号一样。

第二天，王柏放弃了假期的安排，起个大早到公司上班。走到办公室门口，迎面就看到从卫生间出来的主管。看着面无表情的上司，王柏感觉背后一阵阵的阴风吹来。礼貌地打了一声招呼，乖乖地坐在办公桌前工作。

由于东方的文化常以含蓄、委婉著称，所以，上司在管理员工的过程中，很少直接表达内心的真实意图。于是，员工除了干好自己的工作之外，另外一门必要的功课就是揣度上司的意图。文化作用下的必然让很多初入职场的菜鸟叫苦不迭，但是，一旦掌握了上司的规律和性格，读懂上司的心思也不过是 a piece of cake。

合作才能共赢

神话故事中，大山的原始森林里生活着一种奇特的鸟，在一个身子上，同时长了两个脑袋，因此，两个脑袋必须思维一致，行动一致，面对相同的命运。于是，人们称它为"共命鸟"。

一般情况下，共命鸟的两只脑袋都是相处融洽的，它们商量着去哪里寻找食物，到哪里筑巢栖息，到哪里抚育后代，等等。有一天，共命鸟的两只脑袋吵架了，它们因为对食物的意见不同而闹得不可开交，后来，干脆谁都不理谁。

于是，一个脑袋拖着身体向左，拼命地吃绿色的坚果，以补充体力；另外一个脑袋则拖着身体向右，去吃生长在树根附近的毒草。两人互相抗衡，谁也不愿意放松。最后，右边的脑袋吃进去太多的毒草，导致体内吸收了太多的毒素，共命鸟被毒死了。

在职场中，同事之间，部门之间的关系往往就像是共命鸟的两个脑袋，组织庞杂的公司可能还有三个、四个脑袋。这些"脑袋"之间能否通力合作，为了一个共同的目标向着同一个方向努力，往往就决定了公司的命运。

众所周知，大雁在迁徙的时候，会按照固定的队形来飞行，一会儿是"一"字形，一会儿是"V"字形。科学家发现，大雁这种组队飞行的方式，要比每只大雁单独飞行快出12%。由此可见，合作往往能够产生倍增的效果。

因此，明智的管理者，或是聪明的员工，都会尽力通过团队合作的方式完成工作，即使发生意见分歧，也尽量开诚布公地解决，不要在彼此心中留下罅隙。因为他们知道，一个人的能力总是有限的，多个人的合作就可能创造奇迹。很多时候，众人之间的分享与合作，完全可以实现"1+1〉2"的突破。

社会心理学家曾经做过这样一个实验：实验者将六只猴子分成三组，分别关在三个笼子里。实验者在三个笼子里分别放入了猴子喜爱的食物，但是摆放的位置稍有不同。第一个笼子的食物放在了地上；第二个笼子的食物挂在了不同高度的位置上；第三个笼子的食物则吊在了天花板上。

实验者在单向玻璃外观察每个笼子里猴子的反应。几天过去后，实验者发现，第一个笼子的猴子一死一伤，受伤的猴子满脸是血，被咬掉了一只耳朵，腿也发生了骨折。第三个笼子的两只猴子都死了。只有第二个笼子的猴子安然无恙，继续吃喝玩耍。

究其原因，第一个笼子里的猴子感到饥饿后，纷纷抢夺地上的食物，由于食物有限，两只猴子发生争执，继而动起手来，结果弄得你死我活；第三个笼子的食物在天花板上，猴子无论如何也拿不到食物，最后被活活饿死了；第二个笼子的食物有难有易，当低处的食物被吃光后，两只猴子会互相合作，一只猴子站在另外一只猴子的肩膀上，然后跳起来摘取食物。这样，他们相处愉快，而且每天都有吃的，从而幸运地活了下来。

没有一个人是万能的，可以凭借个人的力量完成所有事，即使是神通广大的孙悟空，在遇到妖怪的时候还需要猪八戒的帮衬。不得不承认，无论个人能力多强的人，工作时都离不开团队的帮助。

其实，个体需要在团队中寻找帮助，不仅是因为个体的能力太弱小，更因为每个人都不是完美的。一个人难免会受困于自身的成长背景、工作经验和思维方式，因此，通过与他人之间的合作关系，能够弥补自身的不足，还能够实现个体和团体共同成功。

大学毕业后，陈雄通过了三轮的笔试和面试，终于进入了一家知名的广告公司。除了他之外，还有四个人一起进入试用期。上班第一天，HR 对他们说："在三个月的时间里，我将在你们之间挑选一个业务主管，其他人也可能成为主管，但是会被派往分公司工作。所以，每个人都要加油哦！"

听了 HR 的话，陈雄刚刚落地的心又提到了嗓子眼，他想要证明自己的实力，于是，他将"我要当主管"的纸条贴在了床头上，每天提醒自己。可是他回头一想，如果想要当上主管，就必须在业务上战胜其他四个人。短短三个月的时间，仅仅靠苦干是不行的，还要凭借更聪明的方法。

于是，陈雄搜集了各种成功的广告案例，还动用了身边的朋友关系，为自己寻找长久的广告客户。除此之外，他对身边的每个同事都非常谨慎，尤其是有竞争关系的那四位，尽量多地获知他们的信息，却小心保护自己的经验。

平时交流的时候，陈雄喜欢时不时地询问一下同事的进度，业务洽谈情况等，反过来，当同事来请教他的时候，他则提前筛选一下头脑中的信息，将一些缺乏新意的观点拿出来交流。陈雄暗自盘算着："这样下去，三个月之后，一定是我的广告方案做得最好，也一定是我的业务成绩最好，看来，业务主管的位置是非我莫属了。"

的确，三个月过去后，陈雄的表现是五个人中最好的，他的业务成绩甚至比第二名高出了一大截。然而，当 HR 准备和他签合同时，他却被安排到了分公司。陈雄气不过，找到 HR 理论说："我是业务能力最好的员工，为什么不是我做主管？"HR 心平气和地说："公司今天的成绩，不是因为某一个人的突出能力，而是通过团队的合作。你在一心发展自己的业务，提高自身能力的时候，偏偏忘掉了这一点。"

俗话说，当你将快乐与人分享时，你的快乐会加倍；当你将痛苦与人分担时，你的痛苦会减半。职场中的同事，虽然是竞争对手，更多时候却是团队的伙伴。当你进入了一个同事之间互相理解、互相支持的团体时，既可以在充满信任的氛围下工作，还能在重要的问题上协同合作，发挥更大的力量。

善待让你反感的人

在公司里，有没有那么一个人让你讨厌得咬牙切齿？有没有那么一个人，只要和他说话，你就觉得烦恼？有没有那么一个人，无论他说什么，做什么，你都觉得他是错的，他的每一句话都让你感到反感？因此，你每天都在想着怎么避免和讨厌的那个人见面？怎样尽量减少工作上的交集？这些没有营养的问题整天萦绕在你的脑海中，让原本一份自己很喜欢的工作也蒙上了灰色的阴影。

俗话说，工作是能选的，同事却是不能选的。职场原本就是一个混杂着各种人的环境，有的人性格随和，相处起来很容易，有的人则带着一堆怪癖，让身边的人倍感痛苦。看着那些令自己感到不快的人，工作的时候倍感压力，面对这种情况，除了辞职走人，再也不见，就没有其他更好的办法了吗？

琼琳所在的设计部有一个自命不凡的家伙——阿斌。阿斌年纪轻轻，相貌英俊，也非常喜欢装扮自己的外形。不过，令琼琳讨厌的并不是他的那张脸，而是他向来自以为是的态度。

只要阿斌在办公室，他一定会抓住机会和女同事调情。殷勤地泡杯咖啡，或者讲一些黄色笑话，这些令琼琳觉得肤浅得可笑的手段，竟然轻松地获得了其他女性的好感。不管是二十四五岁的女孩，还是三十多岁的大姐，都喜欢围绕在他的身边，听他打趣逗乐。

向来对他避之不及的琼琳从来都是坐在远远的地方，看自己的书，做自己的事。一天，阿斌将目标锁定了琼琳。趁午休的时间，他跑到了琼琳的桌子边，一会儿弄弄琼琳的杂志，一会儿摸摸她的盆栽。琼琳说："你这样会打扰我工作的。""那就先不要工作了呗！"说着，阿斌抢走了琼琳的鼠标，放在手中把玩。琼琳忍耐着燃烧的怒火，径自做自己的事。

见琼琳不待见他，阿斌突然问："部门的同事都挺喜欢我的，为什么只有你不愿意和我聊天呢？难道，这是你欲擒故纵的手段吗？"琼琳忍无可忍，站起来对阿斌说："你跟我出来一下。"阿斌以为自己的伎俩奏效了，跟着琼琳来到了茶水间。

琼琳定了定神，一字一顿地对阿斌说："记住，我的话只说一遍哦，以后都不会再说。"阿斌笑嘻嘻的，期待着好事发生。接着，琼琳说："我现在很明确地告诉你，别把你对付女人的那套把戏用在我身上。"说完，琼琳转身走掉了。

从此之后，琼琳尽量避免和阿斌的接触，阿斌也收敛了他的作风，再没有骚扰过琼琳。

对于那些实在讨厌的家伙，可以尝试着晓之以理，动之以情，如果依旧不奏效的话，就需要放狠话，出狠招，明确地表达自己的立场。不过，办公室里令人讨厌的同事除了"货真价实"地令人讨厌之外，还有一种就是人们的错觉，或者说是误会。

因为，很多人都有一个错误的念头，就是认为自己讨厌的东西一定是不好的。实际上，每个人都是一个复杂的心理个体，根本不能简单地定义为好或坏。当我们面对讨厌的同事时，最需要的并不是躲着他，尽量远离他，而应该撇开自己的感性直觉，用理性的态度看待他。

即使是一个满身缺点的同事，也不可能一点优点都没有。可能就在他面目可憎的外表之下，藏着一颗柔软的心；一个对人挑剔冷漠，斤斤计较的人，也可能有着体贴、温柔的一面。只是因为身在职场，有些人选择了隐藏起自己友好的一面，只有在家人或者亲密的朋友面前，这些隐藏的特质才会表现出来。

回过头来，扪心自问一下，你有那么完美，那么好，足以让所有的人都喜欢你吗？任何人都有招人喜欢的特质，也有让人难以接受的特质。有的同事之所以讨厌，正是因为让你看到了令人难以接受的特质。所谓人无完人，讨厌之人，想必他的身上也有可以学习之处。

人事变动的邮件发布后，一心期待升职的李清从北区的区长职位调回了市场部，海外部的马月却一下子升到了市场部经理的职位。愤愤不平的李清闹着要辞职，却因为总经理到法国出差，一时耽搁了下来。她根本无法想象，在未来的日子里，要怎样和这个合不来的上司一起工作？

李清和马月是同一期进入公司的员工，由于两人都是争强好胜的性格，在工作中向来互相不服气。李清的管理方式是以员工的利益为先，因此她会帮请假的柜台小姐顶班，也会给家人生病的助理多一个星期的休假。相反，向来严格按照规章制度办事的马月则无法接受李清的"毫无原则"和"公私不分"。

因为两个人的管理理念不同，当初市场部的两个分部差点成了硝烟弥漫的战场，最后，总经理把李清调到了北区做区长，把马月调到海外拓展业务，才算真正平息下来。不过，自从马月回归总部之后，两人剑拔弩张的日子又开始了。

一天，因为北区的一位柜台小姐家里奶奶生病，临时请假，导致百货公司的摆位出现混乱。情况反映到总部后，马月找到李清说："你管理出来的员工，就是这样没有专业素质吗？请假都是这么临时，给公司一个措手不及？""人家奶奶生病，这个是不能提前报备的吧？"李清回敬道。

"那要怎么处理呢，罚没奖金，还是开除？"

李清为马月的过于刻板感到无语，"看来你真是一点都没变，从来都是按照规章办事，一点都不讲人情的？你打算在经理的位置上施行你那套科学的管理方法是吧，好啊，看我们谁能笑到最后？"

事后，李清向朋友说起这件事，本来期待朋友能够安慰两句，没想到朋友竟然说："你难道不应该感谢马月的存在吗？在我看来，她是一个职场的新女性，有想法，有见识，还有一套严谨的管理方法，虽然对人刻薄了一点，最起码做事赏罚分明，如果是我，我会喜欢在她身边工作。"李清一边数落朋友不讲义气，却又不禁反思，和自己的意气用事比起来，马月看起来真的是更加职业一些。

在后来的工作中，虽然李清没有放下和马月竞争的劲头，却开始从一个理性的角度看待自己的竞争对手。换了角度之后，她看到的不单单是一个和自己合不来的同事，更是一个有着优秀职业素养，值得好好学习的人。

俗话说，情人眼里出西施，反过来，仇人眼里就容易出恶魔。喜欢一个人，对方就是天使，如果讨厌一个人，对方就是恶魔。其实，如果能够抛开成见，客观地看待那些我们讨厌的人，我们就会发现，他们并不是那么的一无是处！

有时候甚至恰恰相反，令人讨厌的同事身上也会有出色的能力、耐力和优秀的品质，这些都是值得我们学习的。子曰："三人行，必有我师焉。"当你能够用平和的心态对待讨厌的人，去掉感情的屏障，用心了解一个人，那么，你才算真的成为了职场上的专业人士。

别成为"职场便利贴"

风靡一时的台湾偶像剧《命中注定我爱你》赚足了无数少女的眼泪，剧中陈乔恩扮演的"便利贴女孩"也给人们留下了深刻的印象。由于这部偶像剧的火爆收视，甚至引来了《纽约时报》的关注。在评论里，剧情中的"便利贴女孩"被定义为"盘踞全亚洲的女孩类型"。

在任何一家公司的办公室里，都游走着这样一种便利贴女孩。她们大多数都是家里的乖孩子，从小听父母的话，在读书的时候平和、本分；在工作中，她们总是愿望小小，功能小小，每天在办公室里忙碌穿梭，帮忙处理同事的琐事，就像是一张随手可撕的便利贴，招之即来，挥之即去。她们是整个公司里事情最多，工作最辛苦的员工，可是老板却从来不会给她们加薪，也不会给她们升职。

艾青是办公室里出了名的"全能达人"，无论是搜集材料、整理报表，还是买咖啡、修电脑，只要有人需要帮忙，就会听到艾青的声音——"好的，好的，我马上就来。"因为在办公室里"太受欢迎"，艾青也变成了最忙碌的员工。为了解决应接不暇的请求，艾青常常一个人加班到很晚，每天都是快到半夜了，才匆匆忙忙赶回家里睡觉。

其实，艾青也不喜欢这样的生活，她曾经想过，以后对同事的请求要统统拒绝，好好安下心来做自己的事，可是，一旦同事开口，不管是帮忙签收快递，还是帮忙准备同事的生日聚会，她都是满口答应，永远不好意思开口说"NO"！

刚刚进公司的时候，艾青为了和同事相处融洽，为了让自己尽快变成团队中的一员，于是她表现得非常友好。每逢同事临时请假，她都高高兴兴地顶替值班，只要有人开口，她就会欣然答应，时间久了，她就变成了"值班专业户"，连那些周末没事的同事也会请她帮忙值班。

除此之外，她还主动包揽了办公室的卫生和同事的早餐。每天，她都早早地出门，到办公室里擦窗、拖地、帮植物浇水；如果有同事说"哎呀，出门太急，又忘记吃早餐了"，她一定会拿出自己的那份，热心地送到同事的手上。

可是，长久以来，同事们非但没有和她成为要好的朋友，甚至只是将她看作跑腿的小妹。有一次，她因为身体不适，不想去楼下买咖啡，竟然被一个同事数落说："摆什么架子嘛，买咖啡不就是你的工作吗？"一番好意得不到认可，甚至还要听同事的冷嘲热讽，艾青觉得感情受到了伤害，同时也更加讨厌这样的自己。

像艾青这样的人，就属于典型的"职场便利贴"。实际上，这些"便利贴女孩"并非真的是毫无心肝，每天只喜欢做一些打杂、跑腿的工作。造成这一局面的原因，除了想要讨好同事的最初动机，更主要的是缺乏个人主见，没有明确的职场目标，更不懂得如何拒绝别人。

如果便利贴女孩能够静下心来，好好想一想自己的工作，未来的目标和人生的规划，就会分清工作上的轻重缓急，按照自己的时间表来做事，不会轻易地被别人打扰了。即使同事有事需要帮忙，也可以根据自己的安排合理地拒绝，将时间用在更重要的工作上。

找准自己的定位，明确自己想要什么，不想要什么，就能够主动掌控工作的节奏，而不会像木偶一样，被其他人牵着走。当有同事请求帮忙时，可以将自己的时间安排讲出来，让对方知道，"我也在做事，我也很忙"。如果一味地把没有个性当做自己最大的个性，最终只会成为办公室里无足轻重的配角，既得不到同事的好感，还随时可能被踢出局。

第一次进公司办公室，小宇就被宽敞、明亮的办公室吸引住了。公司的办公室设在一幢高级写字楼的顶层，向窗外望去，是一片现代都市的风景。如此满足人虚荣心的办公环境，让小宇心潮澎湃。直到通过最后一轮考核拿到 offer，她都没有过多考虑职位、薪水的问题，一心只想着："在这么气派的公司上班，无论做什么都值得了。"

工作真正开始的时候，一切都变得和她想象中的不一样了。作为项目助理，小宇以为能够跟在项目经理的身边去洽谈业务，开竞标会议，甚至把她带到施工现场，亲自体验作为工程师的感觉。

可是，进入公司两个月了，小宇每天的工作就是在网上搜集资料，安排项目经理的时间表，有时候行政助理事情太多，忙不过来的时候，她还要帮忙团购午餐、打印文件和购买办公用品。

一开始，小宇带着"做得多，学得多"的心态，无论哪个部门，哪个同事需要帮忙，她都欣然答应。时间久了，她在同事们心中的印象就变成了"老好人"，同事有任何事情求她，她一定马上办到。

半年过去了，作为项目助理的小宇连半个项目都没接触过，相反的，她却了解了公司各个部门的运作方式。一开始，小宇还在抱怨自己像一张"便利贴"一样，人人能用，人人能撕，后来她发现，哪怕是企划部的同事遇到难题，也会过来询问她的意见，她不禁在心中萌生了一丝成就感。

工作满两年之后，小宇好像从一张便利贴变成了一瓶万金油，哪里有需要，她都能帮得上忙，公司里行政部、人事部、企划部和设计部的工作她都了解过。到了新一轮的人事变动时，小宇竟然从项目组直接调到了总经理办公室，由项目助理变成了经理助理。对于自己职位的攀升，小宇常常自嘲说："我是公司一块砖，哪里需要哪里搬。"

对于年轻人来说，即使再有才华，工作的前两年都是菜鸟级别，因此，成为"便利贴女孩"或者"便利贴男孩"不过是职业发展中的一环。重要的是，每个人都应该在做"便利贴"的过程中找到自己的职业目标。只有你有了目标，有了努力的方向，才能彻底摆脱"便利贴"的身份，成为一个小有成就的"职场达人"。

走出职场"八卦阵"

战国时，魏国有一个大臣名叫庞葱。有一年，他奉命陪世子到赵国都城邯郸作人质。出发前，庞葱问魏王说："大王，如果有人告诉您，街市上有一只虎，您相信吗？"魏王心想，一只老虎在大街上招摇过市，怎么可能？于是，魏王回答说："怎么可能有这种事？寡人不信！"

庞葱接着问："如果又有一个人告诉您，街市上果然有一只虎，那大王信吗？"魏王沉吟了一下，说："嗯，这就值得考虑了！"庞葱又问："如果有第三个人说同样的话呢？"魏王果断地回答说："嗯，如果三个人都这么说，那应该是真的。"

听到魏王的回答，庞葱道明了他这番话的本意，他说："事实上，街上并没有老虎，只是以讹传讹而已，最后大王为什么相信了呢？一定是因为说的人多了。现在，我与世子即将背井离乡，去远在千里之外的赵国当人质，我们在赵国的情况如何，大王肯定无法准确了解到。那么，如果有人传出'市有一虎'般的谣言，大王难道要相信吗？所以，为了保证世子将来能顺利回国，请大王先命人传谕大众，说我们只是离开了都城，并不是去邯郸。"可惜，魏王不以为意，并没有按照庞葱说的做。

庞葱陪伴世子到赵国做人质后，就开始有人恶意中伤庞葱，说他怀有二心，图谋不轨。一开始，魏王并不相信那些流言，可是，时间久了，流言越传越真，魏王就信以为真了。魏王将世子召回了魏国，并且不再重用庞葱了。

这个"三人成虎"的故事说明了流言的可怕。然而，过了几千年，流言依旧弥漫在我们的生活中，尤其对于大部分的上班族而言，办公室的流言就如同"口水炸弹"一般，常常伤人于无形。

无论什么样的公司，办公室里总是有那么几个长舌妇，专门窥探别人的隐私，传播各种奇怪的故事。和影响工作情绪的其他事情相比，办公室里关于自己的八卦是最具杀伤力的。内心比较强大的人，能够一笑置之；内心软弱的人，则可能为此心中不安，甚至神经衰弱、彻夜难眠。可以说，想要什么样的职场生活，很大程度上取决于面对流言的态度。

韩雪和办公室同事的关系特别好，每天一起上班，一起吃饭，周末的时候还会一起出去玩。韩雪认为，同事之间总会有需要帮忙的时候，搞好同事关系，即使没有好处，但是绝对不会有坏处的。不过，她还是把事情想得太简单了。

韩雪的同事们有一个习惯，喜欢在私下聚会的时候讨论自己的上司。有的人偏爱老板的私生活，有的人则喜欢讲经理出糗的经历，有的人干脆大骂上司的无知和无能。韩雪不喜欢在背后说人家的坏话，她虽然身在其中，却从来没有发表过自己对这些事情的看法。出于对待朋友的忠诚，她也从来没跟别人提起过这些事。

没过多久，她在同事间的处境就变了。大家一起出去玩的时候，都不喜欢叫上她了，即使她主张聚会，也得不到热情的回应。有的人对她怒目而视，有的人在上司面前打她的小报告，在茶水间时，甚至有人直接叫她奸细。

韩雪慢慢才了解到，原来，有一位同事看到韩雪下班之后还在经理室，认为她一定是在打同事的小报告。他们联想起她从来不在背后骂自己的上司，也没有说过任何人的坏话，于是，同事们一致认为她是老板的奸细，专门混在同事们中间搜集情报的。最后，所有人都远离她、孤立她，对她非常不友好。

韩雪想不明白：我没有做任何错事，只不过不想让自己变成市井大妈的样子，忍受着不喜欢的工作，还要在背后嘟嘟囔囔地骂街。难道，不想同流合污也有错吗？

其实，韩雪大可不必为这些事烦心。惹得流言上身的职员，通常都是人群中的优秀者。当有人开始孤立你、中伤你，甚至不惜任何手段打压你时，就证明你的优秀已经对别人的平庸构成了威胁。而流言和八卦，正是平庸者惯用的伎俩之一。是否能够走出职场的"八卦阵"，是对一个人职业素养的考验。

所有人都有一种从众的倾向，就像三人成虎那样，当团体中的一个人开始传播某事时，一开始会有一两个人相信，当流言越传越久，传播的人越来越多时，即使子虚乌有，也会变成"事实"，正所谓"谎言说了一千遍就是真理"嘛！

做一个明智的人，就要不随便传播流言，不轻信流言，也不要害怕流言带来的伤害。当流言来袭时，与其大吵大闹，搞得满城风雨，不如静下心来，慢慢寻找流言的源头，寻找应对之道。保持微笑，头脑清醒，比捶胸顿足的愤怒要有效得多。

湘琴学历不高，但是人特别聪明，也特别热情，于是，从她进入市场部工作开始，市场部经理就特别器重她。不仅带着她考察分公司的业务，和其他企业洽谈合作的会议也会带上她。如此下来，仅仅半年的时间，湘琴就积累了许多实战性的经验。

在公司，湘琴每天跟在市场部经理身边，两人经常同进同出，一起吃饭，一起出差，很快，办公室就开始流传两个人的流言。有的版本说，湘琴是因为之前就认识经理，通过走后门才进入公司的；有的版本则说湘琴主动投怀送抱，才获得了更多的工作机会。

湘琴是一个自尊心特别强的人，于是，她找到总经理说要辞职。结果，总经理说："他们说的是真的吗？"湘琴气愤地说："这个还用问吗？当然不是真的，都是那些人胡说八道的。""既然不是真的，你为什么要辞职呢？辞职不就默认了吗？""我不想在这种流言下生活了，我受够了。"经理说："只要有人的地方，就会有是非，你是躲不过去的。除了面对，没有别的办法。"

在总经理的劝说下，湘琴放弃了辞职。过了一个月，公司里出现了新的流言，不同的是，流言的主角从湘琴变成了一个从分公司调过来的女孩。听着茶水间各种各样的故事版本，湘琴突然明白了总经理的话——有人的地方，就有是非。

相信很多人都像湘琴那样，带着一腔的热情投入到工作中，结果不是被人暗算，就是招人中伤，遭受一系列职场的折磨。如果有一天，你也成了流言中的主角，大可不必过于苦恼，更没有必要为此放弃大好的前程。

与其过分辩解，越描越黑，不如保持镇定，对其不闻不问。时间会证明事情的真相，真的不会变成假的，假的最后也真不了。过一段时间，所有流言都会不攻自破。这时候的你，则可以像湘琴那般，站在局外人的角度，嘲笑着那些不断创造流言的平庸之辈。

避免成为"拖拉机"

你是不是每天工作之前都要在 QQ 空间里转一圈，然后再刷两页微博，看完网页上的热点新闻和娱乐八卦之后，才能正式开始一天的工作？你是不是常常放不下手里的电视剧，想着再看十分钟，或者再看二十分钟，结果一拖再拖，每天都是过了十二点才睡觉？人们常常称这种现象为"拖延"。拖延是一种不好的生活习惯，但是改掉它并不难。可是，当人们由于拖延而影响了工作，同时还不断地自责，甚至产生负罪感和自我否定的情绪，那么就可能患上了"拖延症"，变成了"拖拉机"。

近年来，拖延症的风头越来越猛，无数上班族都染上了拖延的毛病。项目提案永远在截止的前一天才开始做；工作时，永远在下班前的一个小时才开始忙碌。美国的统计数据表明，全世界有将近十亿人患有拖延症。这些人并非生性懒惰，或者对工作缺乏责任心，大多数情况下，他们比任何人都感到焦虑。可是，即使拖延症患者们知道拖延可能毁掉自己的工作，让自己永远处在紧张焦虑的状态下，他们就是没有办法控制自己。

实际上，患上拖延症真的不是因为懒惰。人们拖延着不去工作或者不去做一件事情，往往都是因为内心排斥这件事，本能地不想去做。于是，他们用短暂的快乐，看网页视频，打电子游戏，或者狂刷网页来拖拖拖，直到拖到最后时刻，实在没有办法了，才硬着头皮完成工作。

在拖延症患者中，有的人在抱怨自己越来越严重的"病情"；有的人在努力寻找克服拖延症的方法；有的人则坦然接受成为拖延症一员的这一事实，优哉游哉地享受当下的快乐。然而，大多数患有拖延症的人，时刻都在责备自己，他们希望能够尽快改掉拖延的坏毛病。于是，大多数人都是一边自责着，一边继续过着拖拖拉拉的生活。

秦凯自认为是拖延症家族的一分子，不过，和那些坦然接受自己拖延习惯，轻松生活的人不同，更多的时候，秦凯都在和拖延症进行对抗，力图改掉这一毛病，不过，结局往往都是以他的失败告终。因此，他每天都生活在焦虑当中，痛苦不堪。

秦凯所学的专业是法律，毕业后他进入了一家律师事务所工作。自认为专业能力不错的他，开始工作之后才发现，原来现实中的案件和课堂上讨论的案例根本不是一回事。带着似懂非懂的迷茫，秦凯工作起来非常吃力，常常用很浅显的问题请教前辈，因此常常遭人白眼，甚至被人讥讽。时间久了，秦凯就产生了排斥的心理，手头的工作总是迟迟不愿动手。一边打着游戏，一边为自己的拖拉行为感到自责。

和其他的同事比起来，秦凯绝对不是那种工作不积极、消极怠工的人。但是，每次接手一个新的案件时，他都一拖再拖，不愿意去见当事人，也不喜欢抱着资料一读再读。当初，他怀着满腔的热血，想要成为一名优秀的律师，为人们伸张正义，可是，由于拖延症的困扰，他却开始怀疑自己到底适不适合当一名律师呢？尤其是因为拖延工作被上司指责时，他就会变得更加疑惑，甚至考虑重新选择一个行业。

和秦凯有着类似经历的是一个英语补习班的老师李曼。李曼平时喜欢到网上找一些教学的材料，希望在课堂上穿插一些有趣的故事或者见闻，让烦闷的英语课听起来不那么枯燥。想法总是好的，一旦行动起来，她又总是被网页上各种无关的信息耽误时间。

每天，李曼都是为了查找资料打开电脑，可是，一旦连接上网络，她就开始登录QQ，登陆微博，查收电子邮件，看各大门户网站的头条新闻。当看到感兴趣的新闻或者话题时，她还会进入交流专区和网友讨论一下，如此一来，时间很快就过去了。到了下班时间，她只能匆匆地打印一下原来的备课材料。于是，她设想的那堂充满趣味的英语课从来没有发生过。每一天，她都在按照以前的备课材料讲解着生硬的语法和枯燥的习题。

时间久了，李曼也会自责自己的不上进，或者责备自己的自制能力太差，为了避免拖延工作，她会将要做的事情写在纸上，打开电脑后，准备一条一条地完成。可是，只要她打开了网页，仍旧会被那些明星的八卦新闻或者全球的搞笑趣事吸引。

于是，李曼对自己说："好吧，我只能看十分钟，十分钟之后开始工作。"然而，一个十分钟过去了，两个十分钟过去了，浏览过无数的网页和新闻之后，李曼才反应过来，原来自己又开始拖延了，一个上午的时间就这么浪费掉了。

现在，每每说到自己的拖延症，李曼都是咬牙切齿的。"有时候，我恨不得戒掉QQ，戒掉微博，停用一切和网络有关的东西。可是，转念一想，如果真的断绝网络的话，不仅收不到外界的信息，连远方好友的消息也收不到了，还是狠不下心来。"李曼说。

如前文所说，有拖延毛病的人，一般都自制力不强，同时对当前的工作带着强烈的排斥心理。因为不愿面对，他们才会选择用拖延的方法，逃避讨厌的工作，沉浸在自己感兴趣的世界里。但是，这种逃避终究无法最终解决问题。如果无法找到令自己完全感兴趣的工作，就要采取适当的策略，慢慢改掉拖延的毛病。

有一位意大利人发明了一种对付拖延症的方法，叫做番茄工作法。番茄工作法的原理很简单，就是将必须完成的工作列在一张清单上，然后用一种定时器（一般都是番茄形状的）设定阶段性的时间，据研究，将二十五分钟作为阶段时间效果最佳。拖延症患者可以在二十五分钟之内，全身心地投入其中一项工作，当定时器响的时候，就意味着一个番茄时间过去，可以稍作休整，然后，继续下一个番茄时间。这样，清单上的工作就会在不知不觉中完成了。如果能够长期坚持这样做，工作中的拖延毛病也会被慢慢改掉。

服从内心，当机立断

  法国有一位哲学家叫做布里丹，他养了一头小毛驴。为了养活这头小毛驴，布里丹每天都会向附近的农民买草料来喂它。一天，送草料的农民好心地多送了一堆草料来，可是，农民的好心却让小毛驴为难了。站在两堆完全相等的干草之间，它左看看，右瞅瞅，始终无法分辨哪一堆好。于是，毛驴站在原地，一会儿考虑数量，一会儿考虑质量，一会儿考虑颜色，一会儿考虑新鲜度，来来回回很多次，它都无法做出最后的选择。最后，这只毛驴在无所适从中饿死了。

  由于毛驴同时考虑的因素太多，最终无法进行决策。后来，人们将这种决策过程中摇摆不定、迟疑不决的现象称为"布里丹毛驴效应"。

  生活中，我们常常可以遇见这样的人，他们总是想得很多、很全面，恨不得将所有可能牵涉到的因素都考虑进去，结果，往往搞得自己在众多选项中难以抉择，甚至最后失去了做决断的绝佳机会。

  在蒲松龄写的《聊斋志异》中，有一则和"布里丹毛驴"相似的故事：从前，有两个牧童，他们在深山里发现了一个狼窝。母狼外出捕猎，狼窝里只有两只狼崽。两个牧童各抱走了一只狼崽。

  母狼发现后，一路追赶他们。于是，两个牧童分别爬上了两棵大树，两棵大树之间相差十几步。当母狼赶到的时候，其中一个牧童在树上掐狼崽的耳朵，弄得它嗷嗷叫，于是，母狼跑到大树下，气急败坏地嘶喊着，用爪子胡乱抓着树皮。

一会儿，另一棵树上的牧童也将狼崽掐得嗷嗷叫，母狼闻声跑到另外一棵树下，喊得更大声，更用力地抓着树皮。牧童轮换着弄疼狼崽，让狼崽尖叫，于是母狼在两棵树之间来回奔跑，最终累得气绝身亡。

和布里丹毛驴饿死的命运相似，如果这只母狼放弃两只狼崽都要营救的想法，专心地守在一棵树下，最后一定能够救回一只狼崽。可是，由于她一只都不想放弃，于是中了两个牧童的计谋，最后非但失去了狼崽，还丢掉了自己的性命。

在职场中，像布里丹毛驴，或者母狼这样的员工并不少见。他们总是在做选择时考虑得太过全面，将所有的利害因素都考虑进去，希望利用最全面的资料做最正确的决定，可是，等到真的分析清楚，想明白了，大好的机会已经被那些当机立断的员工抢走了。

就像人们对"当妻子和母亲同时掉进水里，你先救哪一个"的讨论一样，在情感上，它是一个很难选择的问题。无论你考虑得多全面，总有一方会受到伤害。可是，当洪水真的来袭时，不管是作为丈夫，还是作为儿子，一定是谁在身边先救谁。如果在那个关键的时刻思考"母亲重要，还是妻子重要"的问题，最后恐怕一个都救不到。

在公司里，作为典型天秤座的王国辉总是陷入无比艰难的选择中。王国辉长得一表人才，平时也非常热心，喜欢帮助有困难的同事，因此，许多人都愿意和他做朋友，但是，面对众多的交流对象时，他往往不知道该选谁，当同事之间发生争执时，他也不知道该怎么处理，多数时候，他就像患上了选择恐惧症一样，在天秤的两端摇摆，始终找不到自己的平衡状态。

一个星期五的下午，同事们纷纷下班，王国辉也正准备回家。这时，一位同事找他出去喝酒，另一位同事请他帮忙检查一下电脑程序。他知道，找他喝酒的同事，是将他看做朋友，希望能够一起玩乐；找他帮助的朋友，知道他是一个热心的人，只要有困难，总是第一个想到他。

可是，王国辉不想得罪任何一个人，毕竟，他分身乏术，接受喝酒的邀请，就要拒绝帮忙的请求。为了两方面都不得罪，王国辉推说自己有事要忙，拒绝了两个人。结果，他不是谁也没得罪，而是两个都得罪了。

除此之外，因为王国辉的人缘很好，当同事之间发生争执的时候，他们也会找他来评理。可是，他最害怕的就是在两者之间做选择。最初，王国辉想要做一个和事佬，他说："大家同事一场，不用什么事儿都这么较真吧！我看，你俩这事儿就这么算了，要么这样，我请你们吃饭吧！"

两位同事的确吃了他请的一顿饭，可是，最后依旧没有饶了他，还是要他在两者之间选一个。他还是不想得罪人，左搅搅，右搅搅，结果呢？他力气没少花，时间没少搭，还请客吃饭，同事也没有领他的情，还一直称他是"人精"，实在太会做人了。

鱼和熊掌不能兼得，于是，我们不仅不能逃避选择，甚至还要果断做出决策。事情总有轻重缓急，当面对同事的邀请时，可以根据紧急的情况来决定。当然，如果选择支持哪一方，或者在工作中选择哪一种方案，则需要对具体的情况进行分析。不过，在大多数重要的决策中，往往没有时间让人充分思考，于是，我们就需要听从内心的声音，用最直接的判断做最果断的决策。

第六章

心理学告诉你交际的奥秘

即便你是个坦诚的人，对人推心置腹也要把握好度，否则会把对方吓跑的；"言者无心听者有意"，要谨防沟通中的"瀑布效应"；闭上嘴巴，竖起耳朵，懂得倾听的人是真正的聪明人。

循序渐进地敞开心扉

李密是公司的前台，她的工作非常轻松，每天坐在楼下接电话，收发快递，偶尔帮忙安排一下客户接待。对于公司的新员工，她则主要负责帮忙熟悉环境，顺便指路。李密虽然不算是公司里重要的员工，因为每个人都可能麻烦到她，于是每个人都和她保持着不错的关系。

林岚刚刚进入公司时，因为李密的帮忙，撑过了好几次险些丢脸的场合。林岚一直对李密心存感激，平时也喜欢给她带些点心、咖啡之类的东西，讨好她一下。不过，和李密接触久了，林岚却越来越搞不懂她的思想，到最后，只能尽量躲着她，避免和她出现在同一场合。

第一次，为了感谢李密的帮忙，林岚周末请她出去吃火锅。李密刚落座，就递给林岚一张男生的照片："这是我现在的男朋友，我们是在旅行中认识的，他喜欢做背包客，到处旅行，我也喜欢，结果，我们就在路上遇到了，你说是不是命中注定的缘分？"没等林岚反应过来，李密又递出来一张照片，并且开始讲另外一个故事。一顿饭下来，李密讲的故事量，完全可以写成一本恋爱小说了。

第二次，李密邀请林岚一起逛街，和上次的经历一样，从见面起，李密就开始讲她和男友之间的生活琐事。虽然林岚心里一直嘟囔着"谁要知道你的私生活啊"，却只能故作镇定，耐心地听着。

不到一个月的时间里，林岚和李密私下见了三次面，可是，林岚已经能背出她从小到大的生活经历以及她和历任男友之间的故事了。林岚将自己的遭遇和同事分享了一下，结果和所有人都产生了共鸣。原来，只要有新员工进入公司，李密就会对其一一陈述自己的生平经历和感情经历。如今，公司里所有同事都能说出一段她的故事。

林岚想不明白，即使她自己有想要分享的故事，也会选择要好的朋友，绝对不会将自己的私生活或者小时候的成长经历作为同事间的谈资，每天向周围的人报告。说起来，林岚和李密相识才一个月，工作上少有交集，谈不上朋友，更没有发展到彼此掏心窝子的地步。虽然不知道李密是想要炫耀自己的爱情幸福，还是让别人同情她艰难的成长经历，她这种"自来熟"的做法却让林岚生出了许多苦恼。从此以后，除了尽量躲着她，林岚已经无计可施了。

两个人从陌生人变成要好的朋友，都要经历互相了解过去，逐渐自我暴露的过程。所谓自我暴露，就是将自己私人方面的信息传递给他人，让别人最大限度地了解自己。一般情况下，互相信任，互相接纳的双方会越来越多地暴露自己，在彼此暴露的过程中，彼此之间的关系也会变得越来越紧密。

当然，这种"暴露"并不是专门暴露隐私，而是尽量将自己的爱好、思想和个性告知对方，让对方能够更深入地了解自己。心理学家将自我暴露的层次分为了四层：第一层，就是爱好方面，比如饮食、音乐和生活中的一些偏好等；第二层就是对环境的态度，比如对某人的看法，对社会的看法，对时事的评价等；第三层则是关于自我方面，比如成长经历，和家人的关系等；最深入的一层则是关于隐私方面，包括一些私人的感情经历、性格缺陷等。

正常的人际发展规律都要遵循循序渐进的过程，由浅到深地慢慢暴露自己，一步步地敞开自己的心扉。如果像李密那样，不分对象，不分程度地胡乱暴露一番，直接进入了自我暴露中最深入的一层，只会让对方觉得不适，甚至反感。

所以说，自我暴露并不是越多越好，而是要掌握适当的分寸。有时候，过分地暴露会给对方造成无形的压力，引起对方强烈的排斥情绪，甚至产生焦虑和自卫反应。适度地暴露内心，则会给人真实、踏实的感觉，为自己的形象加分。

曾经有一位记者在采访垒球王史蒂夫·加夫时问道："你哭过吗？"球迷都认为，如此强大、坚韧的球王怎么会有软弱的时候，更加不会哭的，甚至有人认为，这位记者明显就是想要揭加夫的短，然后让他在电视上难堪。没想到，加夫竟然坦诚地回答说："哭过。"

有人怀疑，加夫如此坦白地承认自己的软弱，一定会让他失掉一大批球迷。因为，许多人正是因为他的顽强和坚韧才喜欢他，成为了他的忠实球迷。可结果呢？球迷们更加喜欢他了，因为他是一个会流泪的男子汉，是一个实实在在的人。

那些敢于暴露自己的人，通常都是非常自信的人。他们对自己的存在持一种完全接纳的态度，因此可以让他人最大限度地了解自己。反过来，那些总是神神秘秘，将自我紧紧封闭起来的人，则内心较为软弱。

在现实中，许多人都带着一些不可告人的内心秘密生活着。这种秘密给我们的心理造成了很大的压力，秘密越多，或者秘密不可告人的程度越大，压力也会越大。这时，如果能够找到合适的宣泄途径，将内心的秘密赤裸裸地暴露出来，就会合理地释放内心的压力，缓解心理上的负荷。

这一点，在社交网络中体现得最为明显。在网络中，有的人会将婚姻的不幸和陌生人交流，有的人则会将童年时期的心理创伤拿出来与人分享、讨论。正是因为网络空间的虚拟性将人们内心的羞耻感降低了，同时，匿名的环境也避免了现实中的尴尬，人们畅所欲言的同时，完全不用担心自我暴露对现实生活的干扰。

对于内心隐秘过多的人来说，除了寻找可以信赖的朋友倾吐心声，或者向心理医生寻求帮助之外，网络上的暴露不失为一种方便、可行的方法。网络的存在，让独立又孤独的灵魂摆脱了人际的牵绊，寻找到被接纳的亲密感，也消解了人们的孤独感。

保持适当的距离

一位心理学家曾经针对"社交距离"做过这样一个实验：在一个非常空旷的图书阅览室里，实验者要求被试独自坐在里面读书，然后，实验助手走进去，拿一把椅子坐在被试的身边，观察被试的反应。

在八十个被试中，没有一个被试愿意忍受一个陌生人挨着自己坐下。在被试众多的反应中，有的被试勉强地坐在原地，但是浑身不自在，在座位上一直动来动去；有的被试则默默地更换了座位，选择一个离实验助手较远的位置坐下；有的被试则干脆直接问实验助手说："你想干什么？"

心理学家由此得出结论，人与人之间必须保持一定的空间距离，以维持身体周围的一个自我空间。它就像是一个气泡，将个体包裹在心理舒适的范围内。一旦这个私人领域被侵占，当事人会感到非常不舒服，甚至变得恼怒起来。

按照心理学家的分析，人与人之间的距离一般分为亲密距离、个人距离、社交距离和公众距离。亲密距离是人际交往中最小的距离，大约在十五厘米以内，所谓的"亲密无间"，大概就在这个范围内。

亲密距离一般适合夫妻或者恋人之间，双方可以肌肤相亲、耳鬓厮磨，体现出亲密友好的关系；如果是同性之间的好友，彼此十分熟识，也可以如此不拘小节。但是，如果是不够熟悉的人，尤其是关系不够亲密的异性闯入了亲密距离的范围，不仅会表现得很不礼貌，甚至会引起对方的反感。

个人距离的范围在 46 ~ 76 厘米之间，是比较适合朋友或者熟人的空间。和亲密距离一样，个人距离也属于并不是那么正式的社交场合。而会议、工作场所或者社交聚会，就需要保持在社交距离范围内。

社交距离一般在 1.2 ~ 2.1 米之间。如日常生活所见的那样，接待客户的单人沙发之间需要放置增加距离的茶几；经理办公室的来访者座椅都放在离办公桌一段距离的地方；论文答辩时，学生和老师之间要相隔一张桌子，或者保持一定的距离。这些都属于社交距离，一方面表现出人际交往的正式感，另一方面也避免了人与人之间心理上的不适。

公众距离则比较适合演讲之类不需要彼此之间进行沟通的场合。演讲者只需要站在一个门户开放的空间内，向公众传达有效的信息即可。演讲者并没有和某一个具体的个人进行沟通，因此社交距离可以保持在 3.7 ~ 7.6 米。

当然，这种社交距离的划分并不是绝对的，因为人与人交往时，还会受到文化背景的影响。不同国家、不同民族的人，交往距离都是不同的。其中一个重要的原因，就是人们对"自我"的理解。比如，美国人眼中的"自我"包括身体、衣服以及身体周围几十厘米的空间范围，因此美国人非常强调个人隐私；对于阿拉伯人来说，他们的"自我"就是内在的灵魂，身体、衣物之类都是身外之物，因此，阿拉伯人常常表现得过分热情，屡屡侵犯美国人的"私人空间"。

对于克制、拘谨的英国人来说，在交往中保持适当的距离，已经成为了一种近乎刻板的表现。早在十九世纪，曾经有一位英国绅士到北非探险。经过了多日飞沙走石的沙漠生活，他终于在开罗附近看见了两个人骑着骆驼迎面走来。按理来说，多日不见人的旅行者应该为此欣喜若狂，没想到，这个英国人却从原本松弛、舒适的状态一下子变得紧张起来，他在想，一会儿见面的时候，要不要打声招呼？打完招呼要说些什么呢？结果，当骆驼走近时，他发现对方也是英国人，于是互相之间挥了挥手，没有交谈一句，就擦肩过去了。

作为半西化的香港人，则对社交距离比较敏感，尤其是和陌生人的身体接触，很容易引起不快。对此，香港的少女表现得尤为激烈。因为，香港的妈妈从小就教育女儿，如果有人触碰，不管是谁，只要不喜欢，就可以大声喊非礼。于是，在幼儿园里，就可以看见女孩子一边和男生抢玩具，嘴里一边喊着非礼的奇特场面。

东方人向来对于"隐私"的概念比较模糊，于是，无论在电梯上、公交车上还是火车上，都能看到各种素不相识的人挤在一起。一些无意识的亲近也常常给人带来不适之感，只不过，人们往往碍于情面，不会像西方人那样直接将内心的感觉说出来。

方明在一家外贸公司上班，主要的客户都来自欧洲，因此，他经常在国内和国外之间穿梭，对于不同文化下的社交距离也有自己的亲身感受。"在欧洲的公共场合，人与人之间总是保持一定的距离，即使是排队买票或者等公交车，前后的两个人也会相差二三十厘米。"方明说，"如果在国内的话，摩肩接踵简直就是家常便饭。"他认为，在国内最令他感到不舒服的就是，人们常常没有社交距离的概念，缺乏一种交往中的自觉。

有一次，他到超市买东西，结果零钱不够，他就选择了刷卡结账。可是，排在后面的人就看着他输密码，甚至还扫了一眼他的签名。虽然他知道对方可能是无意的，这种行为还是让他感觉很没有安全感。

另外，有一天他到学校门口接孩子放学，结果儿子一个朋友的爸爸正好也在，于是两人就寒暄了一下。对方非常热情，拍着他的肩膀和他聊天，由于距离太近，他的唾沫都溅到了方明脸上。方明一直向后退，对方却步步紧逼。方明实在没有办法，最后谎称还有事，匆忙离去。

实际上，无论多么亲密的关系，每个人都会为自己保留那么一点私人领域。在交往中保持适当的距离，既是一种良好修养的表现，也是对人最起码的尊重。

心理学上有一个"刺猬效应"，说的是两只刺猬保持适当的距离就可以互相取暖，同时保证不会伤到彼此。人与人之间的交往或许也可以用到这个原则。在亲密相处的基础上，保持一定的空间距离，不仅能够为彼此保留适当的心理空间，也会让交往的过程更加愉悦。

"说话是银，倾听是金"

在一家电台的办公室里，有着几十部电话，每天都会有一些热心的听众打进电话来，电话内容不过是夸奖某个栏目主持人，或者抱怨节目中过多的广告，也有一些年轻的小伙子专门打进来打听女主持人的电话。

一般情况下，这些电话是由办公室的实习生接听，主持人因为没有时间是不接听的。一天夜里，一个加班到很晚的主持人接听了一个响了许久的电话，和对方聊起来才发现，原来他是一个在逃犯。

男子姓王，贪污了巨额公款之后离开了家乡。三年的时间里，他揣着那笔钱和一大堆高层的秘密在全国各地流浪。可是，不管走到哪里，他都在担心被抓，担心随时会有警察出现。由于长期忍受巨大的精神压力，他拨通了电台的电话，想要找一个倾诉的对象。主持人倾听了他的故事之后，用耐心和真情慢慢感动了他。最后，他选择了自首。

当"在逃犯主动自首的故事"成为媒体关注的焦点时，接听电话的主持人也引起了人们的关注。很多人对她冠以"爱心天使""谈判专家"的称号，也有人质疑，她不过是一个普通的电台主持人，并不比其他人出色。当那位爱心主持人接受媒体采访时，她说："其实，我不过是接了一个电话，和他聊了几个小时。如果说我真正做过什么，那不过就是认真地倾听。"

倾听者，要用耳朵，更要用心。尤其是朋友之间的倾听，是一种关怀，

173

更是一种陪伴。有时候，即使没有及时的语言安慰伤心、愤怒或者失落的朋友，只要认真地倾听，同样能够达到安慰的效果。所谓"此时无声胜有声"，大概正是这个意思。

莫斯是一位汽车公司的推销员。凭借他出色的口才和热忱的服务，他一直稳居销售部年度业绩第一名。每次接待一个客人，他都会热情地介绍车子的性能、优点、性价比，往往不用多久，他就能轻松搞定一单生意。可是有一次，他的热情战术却失灵了。

从客人进门开始，莫斯就展开了攻势。莫斯从客人的言谈中得知，他想买一款年轻人喜欢的车型，价钱不是问题。于是，莫斯相继介绍了几款高价位的车型，客人也表示很满意。就在莫斯带着客人去办理购买手续的时候，客人突然决定不买了。

看着眼前的中年男子脸色变得越来越难看，莫斯开始内心煎熬。为什么他会突然改变主意呢？莫斯回忆刚刚带领客人看车的过程，他细心地检查每一个讲解的细节，发现自己并没说错专业的知识，也没有冒犯客人的地方。

客人打算出门的时候，莫斯走到他的面前，诚恳地说："在您离开之前，能告诉我您为什么改变主意吗？如果您愿意指出不满意的地方，下次我就能够改正，不会犯同样的错误了。"客人说："因为你根本就没有提供服务，你只是在推销车而已。你知道我为什么要买车吗？""送您儿子，因为他考上了大学。"

这时，莫斯才终于明白客人生气的原因。从进门开始，这位中年父亲就提起了儿子考上大学的事，在随后的交谈中，他也屡次提起，很显然，这件事让他非常自豪。可是，莫斯完全忽略了这一点，他只看出了客人不在乎价钱，于是介绍了一些高价位的车型。他完全忽略了，对于这位客人来说，车子的款型根本就不重要，重要的是他想要有人分享他的喜悦。

送走了客人之后，莫斯突然觉得自己离优秀的推销员还差很远。从此以后，他都以这次失败为戒，在工作中，不仅带着嘴巴介绍产品，还会带上耳朵倾听客人的心声，用感情和爱心与客人交流。

在很多时候，我们都习惯将朋友当成"垃圾桶"，将一切不愉快的情绪都倾诉出去。当你有一天能够反过来倾听别人的内心时，就会发现，倾听本身就是一种荣誉。朋友对你有话说，就证明了他对你的信任，如果朋友将他所有的伤心、软弱都放了你的面前，已经算是作为朋友最高的礼遇了。

然而，人们在倾听的时候，常常犯的一个错误就是先入为主。尤其是年龄偏长，社会经历丰富的人，喜欢以己度人，按照惯有的思维模式猜测对方的心意。这时候，倾听不再是一种心灵的安慰，而变成了善意的曲解。

曾经有一位知名的主持人访问了一位小朋友。主持人问小朋友："你长大想要做什么呀？"小朋友转了转眼球，笑着说："我要当飞机的机长。"主持人说："可是，如果你驾驶的飞机飞到了太平洋的上空，突然燃料用尽了，你怎么办啊？"小朋友说："我会告诉坐在飞机上的人绑好安全带，然后我背着降落伞先跳出去。"

听到这个答案，在场的所有观众都笑得前仰后合，不过，也有人怀疑，难道这个孩子是个自作聪明、自私自利的家伙？主持人的内心也产生了怀疑，过了十几秒，主持人接着问："你为什么要这么做呢？"小朋友说："我得去拿燃料，然后回来救他们。"听到这个答案，那些心存疑惑的人都长舒了一口气。

很多时候，我们都像那些哈哈大笑的观众一样，听话只听一半就下结论，而且还要把自己的意思强加在别人的话里面。作为倾听者，不仅要听到，还要听懂，要经常询问自己，你真的听懂他的话了吗？是真的理解，还是在自我加工基础上的歪曲？

正所谓"说话是银，倾听是金"，成为一个耐心的倾听者并非易事，为自己找到一个耐心的倾听者更加困难。每个人都希望身边有一个忠诚的听众，在自己感到无助的时候，可以向他倾诉。可是，在你寻找自己的听众之前，不妨问问自己，你会倾听吗？

谨防产生"瀑布效应"

梁静是一个说话特直的人,说出来的话有时候都不经过大脑,因此,她总是因为"说错话"而得罪朋友。

有一次,梁静过生日,她邀请了四个朋友到外面吃饭。其中三个朋友都纷纷到达,最后一个却迟迟不到。所有人都在等待,梁静心里也有些着急,于是她随口说了一句:"真是急死人了,该来的怎么还不来呢?"

梁静觉得自己不过发了一句牢骚,没想到在座的一位朋友不高兴了,他对梁静说:"什么叫该来的不来,这么说来,我们都是不该来的呗?如果是这样的话,那我先告辞了。"说完,就起身离开。随后,另外一个人也跟着走了。

梁静兴致大减,又冒出来一句:"怎么回事啊?该来的不来,不该走的又都走了?"听到这话,剩下的最后一个朋友也不高兴了,他说:"这是什么话?不该走的走了,那我就是该走的那个了?好吧,那我也走好了。"说完,他也走掉了。

所有人都走了,最后一个朋友才匆匆赶来。梁静跟这位交情较深的朋友说明了刚才的情况:"我根本就不是在说他们,结果所有人都误会我。"朋友安慰她说:"看来,你以后说话真的应该注意点了,不能想到什么就说什么,否则的话,身边的朋友都会被你气走的。"

中国有句古话叫做"说者无心，听者有意"，意思是说有时候一句无心的话，说话的人没有当一回事儿，却可能触动了听话者的敏感神经，结果造成对对方的"伤害"。在心理学上，这种现象叫做"瀑布心理效应"。信息发出者就像瀑布的上游一样，水面如镜，平静如常，当信息传达到接收者那里，却开始水花四溅，引起了对方心理上的不平衡，从而导致对方态度和行为上的变化。

因此，我们在与人交往的过程中，如果是不够熟悉的同事、伙伴，一定要谨言慎行，注意自己说话的分寸。对于不喜欢开玩笑的人来说，哪怕一句简单的玩笑，也可能触动对方的愤怒神经，引发不必要的误会。如果碰到心胸狭窄的人，可能因为一句话记恨很长时间，那样就太得不偿失了。

战国时期，有一个瘸腿的士子住在平原君家附近。一天，平原君的小妾在楼上看见士子一瘸一拐地去打水，忍不住对其讥笑了一番。在小妾看来，她没有说什么歧视的话，没想到，因此招来了杀身之祸。

这位士子虽然是身残之人，心中却有着士大夫的气节，不愿受辱。于是，他找到了平原君，说明了情况之后，他要求平原君杀掉这位小妾。平原君心疼自己的小妾，一直犹豫不决，这时，士子劝道："那些从千里之外赶来投奔您的士子，不过是听说了您尊重有才之人、鄙视女色的高贵品质。所谓士可杀不可辱，如今我竟然因为身体残疾遭到小妾的讥笑，请您一定要给我一个说法，否则，一定有人认为您偏爱美色而轻贱士子，那些赶来投奔您的人也会选择离开的。"

最后，平原君听从了瘸腿士子的劝告，不仅斩杀了没有分寸的小妾，还亲自到士子家道歉。

历史上，像平原君的小妾这样，因为一言不慎招来杀身之祸的人不在少数，由此可见，注意说话的分寸是多么重要。在现代社会，一语不慎虽然不会被杀，却随时可能伤害朋友、得罪客户，甚至让自己陷于悲惨的境地。

人与人之间最亲密的交往莫过于夫妻，然而，"瀑布心理效应"影响最大的也是夫妻。夫妻之间吵架时，如果有一方口无遮拦，为了一时气不过就说出伤人的话，自己觉得不过是逞一时的口舌之快，对方却可能在心里掀起巨大的波澜。一次两次还可以，时间久了，可能引发夫妻之间的隔阂，甚至导致两人形同陌路的结局。

徐振和妻子的感情一直不错，偶尔因为生活上的小事发生口角，一般吵两句就完事了。可是，偏偏妻子是个脾气暴躁的家伙，一旦开始吵架她就气得失去理智，为了嘴上痛快就什么话都说了。

去年，妻子公司接了一个项目，作为总监的她，需要到现场监督施工进程。于是，妻子需要经常出差，有时候一走就是一个星期。一个人在两个城市之间两头跑，不仅身体上吃不消，精神压力也特别大。

有一次，徐振下班回到家，看见妻子的行李扔在门旁，妻子正躺在沙发上睡觉。于是，徐振走到妻子跟前说："原来你早回来了，既然你早回来了，为什么不准备饭菜，我都吃了一个星期泡面了。"

睡梦中的妻子不耐烦地说："我飞了几千公里，都快累死了，你还好意思让我做饭？""反正你早回来了嘛，准备一下也不费什么事。"不知道为什么，妻子的火气一下子就上来了，说话的口气也变了："什么叫不费什么事，既然不费什么事的话，你为什么吃泡面啊？你自己做好了。搞搞清楚哦，我是你老婆，不是你请来的佣人，不喜欢的话，离婚好了。"徐振看妻子好像真的生气了，嘴里嘟囔着："不做就不做，发什么火啊。"独自到厨房准备吃的了。

几天之后，妻子又因为小事和徐振吵了起来，最后还说："日子过得乱七八糟的，就知道没事找事，再吵就离婚。"妻子第一次说，徐振没有放在心上，几次之后，他的心里觉得不是滋味了。徐振心想："这两个月她一直在出差，算起来在家待不到一个月，她不会移情别恋了吧？否则，怎么会每次吵架都把离婚挂在嘴上呢？"

对夫妻来说，"离婚"一词算是敏感的词，属于婚姻里的禁忌，不到感情破裂时，最好不要随便说出口。就像徐振的妻子一样，她或许只是气不过，才会说出离婚的话。然而，这样的话如果经常出现，很容易引起彼此之间的猜疑，造成更深的家庭矛盾。

人们用语言来沟通友谊，就是为了了解彼此之间的思想和感情。俗话说，好话一句三冬暖，恶语伤人六月寒。把握说话的分寸，就能保证彼此之间交往氛围的愉快，不仅可以避免误会、伤害的发生，还能让彼此之间更亲近。

用尊重赢得尊重

二十多岁的年轻人，都渴望着出人头地，获得他人的尊重。但是，很多人往往都因为年轻气盛，或者缺乏经验，只想着"为什么别人都不尊重我"，却不去想"如何获得别人的尊重"。在获得别人的尊重之前，不妨自问一下，别人凭什么要尊重你？你是否承受得起别人足够的尊重？

尊重，并不是无条件的。即使是古代的帝王，想要获得臣民的尊重，仅仅靠王权的威慑也是不够的。尊重的基础就是互相的付出，只有你先尊重了别人，别人才有可能报以同等的尊重。如果一味地想着不用付出，就能轻易得到别人的尊重，最终收获的只能是失望、丢脸而已。也可以说，一个人如果未能受到应有的尊重，真的可能是他并不那么值得尊重。

从前，有一个非常富有的商人。因为拥有无人可及的财富，富商变得盛气凌人，对身边的任何人都是一种颐指气使的态度，所有人都非常怕他。因此，他总是因为得不到别人的尊重而苦恼。有时候，他整天都在思考一个问题：如何才能得到别人的尊重呢？

有一天，这位富商走在街上，看到了一个坐在街边的乞丐。乞丐穿着破破烂烂的衣服，躲在一堆旧报纸里，对着那些施舍他的人表示着感谢。富商心想："至少，我能让这个乞丐尊重我。"于是，他在乞丐的碗里丢了一枚金光闪闪的金币。

富商正等待着乞丐的衷心感谢，没想到，乞丐连头都没抬，自顾自地躲在报纸里抓虱子。富商非常生气，对乞丐吼道："你眼睛是瞎的吗？没有看见我给你的金币吗？"乞丐不屑地说："我又没让你给，不高兴你就拿回去好了。"

富商以为乞丐嫌少，于是又丢了十枚金币在乞丐的碗中。他心想："乞丐一定没有见过这么多的钱，这一次，他肯定会趴在地上向我道谢的。"结果，乞丐继续对他不理不睬。富商气得直跳脚，再次对乞丐吼道："你看清楚，这里是十个金币啊，从来都没有人给你这么多钱吧？难道，你不应该对帮助你的有钱人给予相当的尊重吗？"

乞丐瞥了富商一眼，不耐烦地说："尊不尊重是我的事，和你是不是有钱人没有关系，和你帮没帮助我也没有关系。"富商急了，说："那么，如果我将一半的财产分给你，你会不会尊重我一下？"乞丐说："给我一半财产？那咱俩不就一样了吗？我为什么要尊重你？"富翁气急败坏地说："那好，我把全部的财产都给你，这下你愿意尊重我了吧？"乞丐大笑道："如果你把全部的财产都给了我，我就成了有钱人，你就成了乞丐，那么，我又凭什么要尊重你呢？"

许多人有一个思维的误区，认为自己之所以没有获得他人的尊重，是因为不够富有，权力不够大，或者影响力不够强。实际并非如此。如果你希望别人尊重自己，就要从尊重别人开始。虽然每个人的脾气秉性不同，但是想要获得尊重的期待是相同的。当别人感受到了你的尊重，自然也不会吝啬自己的感情，一定会反过来尊重你的。

然而，在日常交往中，常常有人在无意间伤害了别人的自尊而不自知，没有注意到自己的言行可能已经伤害了别人，反要怪对方不够尊重自己，伤害了自己那可怜的自尊心。如此下来，得不到别人的尊重也不足为奇了。

亨利·福特年轻的时候，在一家汽车公司当修理工。对于一个刚刚从小地方来到大城市的人来说，他对自己的工作非常满意，甚至有些得意。当他拿到第一个月的薪水时，福特决定为自己的"成就"庆祝一下。于是，他来到了一家高级餐厅，想要享受一下高贵的服务。

福特穿着沾满油污的工作服坐在了餐厅里，装作一个绅士的模样等待着侍者的服务。十多分钟过去了，没有一位侍者走过来招待他。福特有些不耐烦，于是，他冲着侍者大声叫嚷。一位侍者应声走来，递上了餐厅的菜单，并且露出了不屑的表情。

福特没有看到侍者的表情，却被菜单上的价格吓了一跳。如果想要大快朵颐一顿，他口袋里的钱可能一分不剩了。福特盯着菜单，思考着接下来的对策。这时，侍者不耐烦地说："我建议您，还是不要看这份菜单了，我给您另外拿一份菜单吧。"

福特心里非常不高兴，于是，他想掏出所有的钱，点一份最贵的料理，向侍者证明自己并不是付不起费用。可是，他一下子想到了母亲对他的告诫。在他离开家之前，母亲对他说："未来的人生中可能会发生许多不愉快的事，你可以怜悯别人，但是不要怜悯自己。"于是，他压下了心头的火气，合上菜单，点了一份汉堡套餐。

忍受着侍者的鄙夷，福特吃完了他一生中最难忘的一顿饭。从此之后，他立志要成为值得别人尊重的人。在未来的几十年间，他创立了福特公司，成为了美国的"汽车大王"，并且如愿成为一个值得别人尊重的人。

福特之所以没有受到侍者的尊重，固然和侍者的势利有关，与他本身的失礼也脱不了干系。他穿着一件满是油污的工作服出现在高级餐厅，甚至对侍者大吵大嚷，本身已经构成了对他人的不尊重。接下来，他得到了同样的不尊重，甚至是轻视的对待，也是情理之中的事了。

福特自己也深知这一点。后来，他之所以成为别人眼中值得尊重的人，不仅仅因为他创立了传奇的汽车产业，为社会创造了巨大的价值，更因为他懂得了克制自己，尊重别人。在获得别人的尊重之前，除了首先付出自己的尊重，往往没有第二条路可走。

人与人之间的交往都是相互的，就像一个人对着空旷的山谷大喊，喊出的是友好的声音，回应的也一定是友好的声音。在大多数时候，我们待人、处事的态度决定了别人的态度。所以说，要不断地自我反省，也要从他人身上获得教诲。只有你去尊重别人，才能让自己成为值得尊重的人。当周围的人都被你的人格魅力所折服，自然会有人心悦诚服地对你投以尊重。

用宽容赢得友谊

从前，有一个富翁，当他年事已高的时候，他想要将自己的财富留给三个儿子中的一个。可是，三个儿子品格都很优秀，一时间让他难以选择。后来，富翁想到了一个办法：他让三个儿子同时出门游历，一年之后再回来，三个人中谁做过的事情最高尚，谁就会得到他毕生积累的财富。

转眼之间，一年过去了，出门远游的三个儿子也回到了家中。富翁将三个儿子召集到跟前，要求他们分别讲述游历中做过的最高尚的事。大儿子信心满满地说："在旅途中，我遇到了一个陌生人。他非常信任我，还将他的金币交给我保管。可惜，后来他意外去世了。为了物归原主，我千方百计地找到了他的妻儿，将金币原封不动地交还给了他们。"

二儿子也不甘示弱，他说："在旅途中，我路过了一个非常贫穷的村落。村落里有一个可怜的孩子，靠每天在河边乞讨为生。一天，他不小心掉进了身后的河里，我跳进河里救了他，还给他留下了一大笔钱。"

两个哥哥说得都非常好，轮到三儿子时，三儿子犹豫地说："我的旅途很平常，我也没有像两位哥哥那样做出什么高尚的行为。不过，我遇见了一个人，那个人一直想要我身上的钱袋，于是千方百计地想要害死我，好几次，我都差点死在他手上。我对他恨之入骨，恨不得亲手杀了他。有一天，我路过悬崖边，他正好在悬崖上睡觉。当时我只要踹他一脚，他就会立刻摔下悬崖，一命呜呼了。可是，我觉得那么做太卑鄙了，于是打算离开。后来，我又担心他睡熟了，一翻身就掉下悬崖，于是我回头叫醒了他，然后继续赶路。"

听完三个儿子的讲述，富翁说："诚实，见义勇为的确是高尚的品质，但是，能够放弃报仇的机会，反而帮助自己的仇人，这种宽容之心才是最大的高尚。"于是，富翁将他的所有财富都给了第三个儿子。

如果说，人生就像一出舞台剧的话，那么我们就是舞台上的各种角色。由于角色之间的冲突，难免让人与人之间出现摩擦。比如亲友不睦，邻里不和，同事之间发生误会等。即使是亲密的好友，也难免会发生争执，引发冲突，甚至产生憎恨的情绪。

睚眦必报的人通常采用以牙还牙，以眼还眼的方式，结果往往两败俱伤，一段珍贵的友谊就此终结。产生争执的时候，最明智的选择莫过于包容和原谅。即使按照社会交往的经济法则来看，包容和原谅也是最省时间、最省力气，让感情伤害降到最小的唯一方法。

况且，只要是感恩之人，都会记得朋友的大度和宽容。人事多变，谁都可能有遭遇风浪的时候，宽容别人的那一刹那，也可能为自己播下了一粒获救的种子。一旦遇到危难时刻，曾经得到宽恕的朋友必然会感恩回报。

春秋时期，楚庄王平息了叛乱之后，设宴招待有功的群臣将士。一时间，宫殿里热火朝天，所有人都开怀畅饮，把酒言欢。此时，楚庄王兴致极佳，便召来了他最宠幸的许姬，让她一边为将士斟酒，一边在宫殿里跳舞助兴。

大家兴致正酣的时候，忽然一阵风将宫殿里的蜡烛吹灭了。在黑暗中，一位喝醉的将士乘机拉扯许姬的衣服，想要轻薄她，结果被许姬拔掉了帽缨。许姬跑到大王面前说："大王，有人趁着夜黑想要调戏我，不过，我已经拔掉了他的帽缨，大王只需要吩咐掌灯，看谁没有帽缨，就可以抓出来定罪了。"

楚庄王听后，沉吟了一会儿，对许姬说："堂下的众将士都是带兵打仗的粗人，难免会酒后失礼，不应该轻易责罚。况且，他们都是为了国家敢于舍弃生命的人啊！"说完，楚庄王对堂下喊道："今天诸位得胜归还，大家喝酒一定要尽兴，我建议，为尽余欢，大家都把帽缨拔掉吧。"众将士搞不明白原因，不过还是乖乖拔掉了帽缨。当蜡烛重新点起，宫殿里又恢复了欢声笑语。

三年后，晋国侵犯楚国，楚庄王亲自带兵上阵。在交战中，楚庄王发现有一个叫做唐狡的将士，总是奋不顾身地冲在前头。将士们在他的带领下，斗志高昂，在最后一战中，楚国大败晋国，得胜回朝。

在犒赏将领时，楚庄王将唐狡叫到了跟前，好奇地问他："作战时，你为何如此勇猛，难道你不怕死吗？"唐狡低着头说："三年前，大王宴请群臣的时候，有人趁着夜黑，冒犯了大王的爱妃许姬，那个人就是我。大王没有追究，反而让所有人脱去帽缨，保全了我的颜面。大王的恩情，我就算不惜性命，奋勇杀敌也无以报答。"

人们说，野花的宽容在于将香气留在了践踏它的马蹄上。这是一种美好的品德，也是将宽容做到极致的境界。贝尔奈说："不会宽容的人，是不配受到别人的宽容的。"当我们以宽容待人，对人对己来说，都是一种莫大的精神财富。

当然，宽容不仅仅是一种思想，还是一种善行的实践。当我们宽容别人的时候，也是在宽容自己。同样是面对伤害或者背叛，那些生活在仇恨中的人不见得比选择宽容的人过得更好、更舒心。与其花时间和力气去仇恨某个人，不如给别人一次改过的机会，在宽容别人的同时，也给了自己一个更广阔的空间。

不必说 "谢谢" 的人

李白在《赠友人》中写道："人生贵相知，何必金与钱。"这句诗表达了他选择朋友的标准。在他看来，朋友之间的交往基于信任，基于相互知心和认同。如同"君子之交淡如水"一样，不需要大风大浪的日子，只要守住珍惜、信任，像水一样澄澈透明就可以了。

在历史上流传的友情故事中，最值得称颂的莫过于伯牙和子期的友情了。

俞伯牙从小喜欢音乐，他本人也极具天赋，琴声优美动听，宛如高山流水。可惜的是，虽然很多人赞美他的技艺，却没有人能够真正听懂他琴声中表达的感情。

有一年，俞伯牙乘船来到了汉阳江口。因为遇到了风浪，船不得不停泊在山下。到了晚上，风浪渐小，乌云散去，月亮升上了天空。望着如此美景，俞伯牙兴致大发，拿起琴来弹了一首又一首。突然之间，俞伯牙发现岸边有一个人站在那里听他的琴声，他正要问来者何人，那人先开口说："先生，我是一个打柴的，正好路过这里，听到了您的琴声，不觉地就被吸引住了。"

俞伯牙心想，他是打柴的，必是一个人粗人，他能听懂我的琴声吗？于是，他问道："既然你听懂了琴声，不如说来听听。"打柴的人笑着回答说："先生，您刚才弹的是孔子赞叹弟子颜回的曲谱，只可惜，您弹到第四句的时候，琴弦断了。"

听到他的回答，俞伯牙心中暗喜："竟然真的有人听懂我的琴声。"他连忙将打柴的人请到船上，并为他又弹了一首曲子。当他弹奏的琴声雄壮高亢的时候，打柴人说："这琴声，表达了高山的雄伟气势。"当琴声变得清新流畅时，打柴人说："这后一段琴声，表达的是无尽的流水。"

俞伯牙万万没有想到，在这荒山野岭之间，竟然能够遇到自己的知音。相问之下，原来他叫钟子期。两个都觉得相见恨晚，于是越谈越投机，并且约定明年此时还要相会。

到了第二年，俞伯牙按照约定，再次来到汉阳江口，等待钟子期的赴约。时间过了好久，也没见钟子期的身影。到了第二天，俞伯牙才从路人的口中得知，原来钟子期已经染病去世。不过，他为了能够听到俞伯牙的琴声，特别嘱人将他埋葬在江边。

听到钟子期去世的消息，俞伯牙痛苦万分。他来到了钟子期的坟前，为他弹起了那曲《高山流水》。一曲完毕，俞伯牙心想，世界上唯一的知音已经不在人世，我的琴声还有谁能听懂呢？随后，他挑断了琴弦，将瑶琴狠狠地摔在了青石上。

古往今来，好像所有人都在寻找那个人群中的知己。然而，生命中那么多来来往往的人，有的人与我们背道而驰；有的人与我们相伴一段，之后又分道扬镳，各奔前程；有的人对我们熟视无睹；有的人则成了永远的陌生人。大概是因为相知难，所以才显得如此珍贵吧。

崔永元在他的《不过如此》中曾这么描述朋友："朋友，是这么一批人，是你快乐时，容易忘掉的人；是你痛苦时，第一个想去找的人；是给你帮助，不用说'谢谢'的人；是惊扰之后，不用心怀愧疚的人；是对你从不苛求的人；是你从不用提防的人；是你败走麦城，也不对你另眼相看的人；

是你步步高升，对你称呼从不改变的人。"

如果真的有那么一个人，不管走过了多少个岔路口，经历了多少的风雨，都能够或远或近的陪伴，没有因为暂时的离去切断了音讯，没有因为时间的流逝消散了情感，那么，这个人真的可以称作"相知"了。

从前，有一个犹太商人，在他弥留之际，他将唯一的儿子叫到了床前，嘱咐他说："如果我死了，将会留给你两样东西，一是我毕生积攒的财富，一是我一生中唯一的朋友。那个朋友住在遥远的地方，如果有一天，你遇到了解决不了的难题，就去找他。"说着，父亲将一个写着地址的纸条交给了儿子。

父亲去世后，儿子并没有把父亲那个"一生中唯一的朋友"放在心上，他想："我身边有很多朋友，即使遇到困难，这些朋友也会帮我解决，根本不需要千里迢迢地去找父亲那位许久不联系的朋友。"

儿子将父亲留下的纸条收了起来，继续过他花天酒地、纸醉金迷的生活。他向来花钱如流水，每天都在家里大摆宴席，招待他的各路朋友。朋友之间有谁遇到困难，他从来都是二话不说，慷慨解囊。由于开销无度，父亲留给他的钱很快就花光了。当他变得一无所有，开口向那些受过他恩惠的朋友寻求帮助时，所有人都变得冷漠起来，甚至对他恶语相向。

走投无路的他只得借高利贷。一次，债主向他收账时，由于对方态度恶劣，他难忍心中气愤，在争执之间动起手来。他将对方打了个头破血流之后，由于害怕被抓进监狱，想先到朋友家里躲一躲。结果，所有人都对他避之不及，有的人连门都不让他进。

在他心灰意冷的时候，他忽然想起了父亲那位朋友。于是，他找到了父亲留下的地址，准备去找那位朋友帮忙。一路上历尽磨难，他终于来到了父亲的好友家。父亲的朋友已经是一个垂垂暮年的老者，而且，从他的房子来看，他并不是什么富裕之人。年轻人心中充满了疑惑，不知道这位老者是否真的能帮上忙。

简单说明了情况之后，老人拿出了一个年代许久的坛子。在他狐疑之际，老人打开了坛子，里面居然装满了金币。捧着手里的金币，老人说："年轻时，我和你父亲一起做生意，后来大赚了一笔。你父亲继续发展他的产业，我不喜欢生意场上的生活，于是将这些钱藏了起来。现在，你把它们都拿去吧，先去还清债务，然后像你父亲一样，创造更大的财富。"

年轻人看着眼前的老人，顿时明白了父亲如此安排的良苦用心。此刻，他终于明白了友谊的真谛。他只从坛子里拿走了十几枚金币，带着父亲给他的人生教导，踏上了创造财富的新旅程。

真正的友谊，从来不说花言巧语，也不需要整日围绕在身边；相知的朋友，看起来远离，却在时刻关注着对方；最珍贵的情谊，是在你需要的时候默默为你做事，关键的时刻拉你一把的人。闭上眼睛想一想，谁是你真正的朋友，你又是谁真正的朋友呢？

最要严出入、谨交游

战国时期，楚国有一个算命先生，非常灵验。凡是被他算过命的人，没有一个不称赞他的。后来，楚庄公知道了此人，对他的算命本领非常好奇，于是派人请他到官中，问他到底用了何种妙法。

算命先生毫不保留地说："实际上，我并不是观察算命的人本人，而是先仔细研究他的朋友。"楚庄公不明所以，问道："其中有什么道理吗？"算命先生接着说："一个普通人，如果他身边的朋友品行端正、个性积极，他日后也必定有所成就；一个做官的人，如果他身边的朋友胸怀坦荡，不卑不亢，他也定会前途似锦；一个国家的帝王，如果他身边的臣子都忠心耿耿、直言进谏，帝王必定会贤德开明，将国家治理得繁荣昌盛。按照这个规律，所以我从来没有出过差错。"楚庄公听后连连称是。

《说苑·杂言》记载："与善人居，如入兰芷之室，久而不闻其香，则与之化矣。与恶人居，如入鲍鱼之肆，久而不闻其臭，亦与之化矣。"意思就是说，一个人如果和品德高尚的人在一起，就会像进入摆满兰花的房间里，时间长了，自己本身也会充满香气；如果和品质卑劣的人在一起，就像进入了卖鱼的市场，时间长了，连自己都变臭了。

这个比喻不禁让人想起最常见的一句"近朱者赤，近墨者黑"。在社会上，人与人之间的交往往往纷繁而复杂，随时可能遇到品行善良、真诚相待的人，也随时会遇到品质低劣、满嘴谎言的人。每个人都不可避免地受到身边人潜移默化的影响，从而在不知不觉中改变自己的品行，所以说，认真挑选身边的伙伴、朋友，对任何人来说都是至关重要的事。

《菜根谭》中说："教弟子如养闺女，最要严出入、谨交游。若一接近匪人，是清净田中下一不净的种子，便终身难植嘉禾矣。"意思是说，教导弟子，要像养育一个女孩那样谨慎才行，最重要的就是严格约束他们的出入和谨慎挑选交往的朋友。一旦和行为不端的人结成朋友，就像是良田之中种下了坏种子，一辈子也不会成才了。

可见，摒弃身边人的恶劣影响是人成长中严苛的一步。《三字经》中说道："人之初，性本善，性相近，习相远。"可见，人并非是天生的品质恶劣，都是后天的环境影响，包括后天长期形成的习惯，让一个原本善良的人变成歹人。因此，很多妈妈都会在孩子念小学的时候叮嘱说："不要和那些调皮捣蛋的孩子在一起玩，不要和喜欢说谎的孩子做朋友。"从孩子从小的朋友中可以预见孩子的未来，自然，妈妈会要求孩子认真挑选身边的朋友，以免偏离了正确的成长方向。

欧阳修是北宋著名的文学家。他在颍州当长官的时候，手下有一个名叫吕公著的年轻人。有一次，欧阳修的好友范仲淹路过颍州，便到他家中拜访，欧阳修邀请吕公著一同待客。席间，范仲淹对吕公著说："你能在欧阳修身边做事真是太好了，你应该多向他请教作文写诗的技巧。"此后，在欧阳修的言传身教下，吕公著的写作技巧提高得很快，最后官至宰相，与司马光一同辅政。

这个故事很好地说明了"近朱者赤"的道理。一个人能取得什么样的成就，在于自身的努力，同时也在于身边人的影响。但是，反过来说，如果一个人的"受暗示性"特别强，缺乏自己的主见，就会轻易地被他人影响，即使每天待在品德高尚的人身边，也可能学到其人身上的臭毛病，而不是好品质。

　　在班级里，童童的小伙伴得了皮肤病。许多家长都告诉孩子，不要和他玩了，会被传染的。和其他人不同，童童依旧每天和他一起上学、放学，一起玩耍，一起嬉戏。一个好心的邻居提醒童童说："不要和他在一起玩了，否则的话，你也会被传染的。"童童说："如果我是健康的，我就不怕被他传染；如果我是好人，我就不怕别人把我教坏。"一个月后，生病的小伙伴顺利康复了，童童也没有被传染上疾病。

　　每个人都想要做贤人，但是做贤人并非远离小人，抛却邪恶那么简单。坚持自身的品质也是其中重要一环。在担心被糟糕的德行影响时，不如将自己的品行提高，用高尚的品质去影响别人。远离鲍鱼之肆固然重要，保持内心的清醒更是其中的关键了。

第七章
心理学告诉你经营的奥秘

　　洋快餐为什么会风靡世界？便利店为什么要24小时营业？什么样的广告能够触动人内心的敏感部位？产品设计中又蕴藏着怎样的心理学奥秘？

产品设计的心理学

你有见过外形像草莓一样的草莓口味饮料包装吗？和它同家族的还有像香蕉外皮一样的香蕉口味饮料包装，像奇异果外皮一样的奇异果口味饮料包装。在众多产品设计师强调炫酷的商标、独特的文案时，一位设计师看到了产品与人类触觉的关系，从而设计出让人一目了然、一触了然的饮料包装，他就是来自日本的产品设计师深泽直人。

深泽直人是日本著名的产品设计师，也是家用电器和日用杂物设计品牌"±0"的创始人。"±0"设计的产品都是常见的家用产品，如加湿器、液晶屏幕、随身听、手电筒、地毯、电咖啡壶、电话、雨伞等。深泽直人的设计主张用最少的元素（上下公差为 ±0）来展示产品的全部功能，这种接近"禅"的设计理念强调回归朴质，简单生活。他曾为苹果、爱普生、日立、无印良品、耐克、夏普、东芝等知名公司设计产品，他的设计在欧美赢得了多项大奖。

乔布斯用一块玻璃把人类带回用触觉感受世界的时代，深泽直人则将观感和触感放在了产品设计中。他设计的果皮包装系列作品，不仅包装颜色和真正的水果相同，连触感都被强调，草莓口味饮料的包装颜色如同草莓，摸起来凹凸不平，香蕉口味饮料的包装宛如真的香蕉皮，摸起来平缓顺滑。

这一系列仿生设计使得饮料包装和水果无限接近，在材料使用上也颇费心思。其中香蕉果汁是最成功的，消费者将果汁拿到手里后，会发现呈八角形的部分和手握香蕉的感觉是一样的，当你拿起折角部分时——简直就是撕开香蕉皮嘛。奇异果的包装则在深绿色的表皮上印上褐色的细毛，这是一种植绒印刷技术，使用静电将毛附着在纸张表面，摸起来就像毛茸茸的奇异果。此外还有一款豆奶包装，深泽直人把豆腐粗粗的布纹质感印在上面，用吸管饮用时，好像从豆腐中吸取豆奶一般。

深泽直人曾经为 MARUNI 公司设计过广岛系列的家具，其中给人印象深刻的便是广岛椅（hiroshima chair）。深泽直人说："椅子，一直以充满温暖感的独特手工制作为特点，而不是强调设计的工艺产品，这个系列注重于细腻与清晰的形象，同时保留住人类的温暖感。"

设计椅子并不是一件容易的事，不止是形状，还需要考虑结构、材质、均衡、重量等因素，最终要让使用者坐起来舒服。广岛椅追求简单而舒适，精心打磨的木材，配上柔软的坐垫，给人一种温润、细腻的感觉。深泽直人曾在一次访谈中谈到："人们所获得的是一种类似于乌冬面般的介于韧性与弹性之间的感受。"这句话让人们更形象地理解广岛椅的设计意蕴。

深泽直人担任过无印良品（MUJI）的设计师，无印良品的不少单品都是他设计的，不过，由于无印良品向来倡导"淹没设计师痕迹"的品牌文化，深泽直人只承认一款拉线 CD 机和他有关。这个拉线 CD 机被设计成排风扇的形状，按钮则是一根长长的细线，就像小时候的电灯拉线开关一样。轻轻拉动绳子，音乐徐徐送出，简单而感性，勾起许多人的童年记忆。

2005 年，深泽直人带着一系列椅子到德国展出，他原本期待自己的作品在镁光灯下被人们观赏，没想到工作人员把椅子拿去坐了。深泽直人向主办方抱怨时，被对方反问，难道这不是你想要的结果吗？的确，深泽的这套作品外形简洁，功能性非常强，主办方的解释让他感到释然。

深泽直人在设计作品时会关注一些人们不太容易注意到的细微之处。比如一条毛巾，设计出蓬松、柔软毛巾的人才称得上设计师吗？深泽直人不这样看。一条毛巾，如果既能擦脸，又能洗澡，便是毛巾体现出的最简单而又充分的价值。

深泽直人设计过一个伞架。普通的伞桶大多是圆桶状，让长柄伞可以立入其中，深泽直人只用了一个小细节，就实现了伞桶的功能。在离墙壁15厘米的水泥地上挖出一条宽8毫米、深5毫米的小沟，想放伞的人，自然就会用伞尖去找小沟的位置。伞尖卡在沟槽里，雨伞自然会整齐地靠在墙上，这样一来，就不需要单独放置伞桶了，还能让雨伞整齐地排放起来。

深泽直人将自己的设计理念称为"直觉设计"（without thought），即将无意识的行动转化为可见之物。设计是为了满足人的生活需求，方便人的生活方式，而非改变人，将人的生活变得复杂。因此，好的设计永远注重人的生活细节，顺应人的生活习惯。

许多设计师都懂得以用户为中心，让产品融入客户的道理。所谓让产品融入用户，即按照人的硬件尺度、软件尺度、行为方式来设计产品。硬件尺度即人体特征参数，包括人体各部分的尺寸、活动半径、肌肉力量等，这是人体工程学的内容。这些参数将影响人对产品的行为方式。

同一款椅子，用户的身高、腿长等参数不同，用户的坐姿、坐的时间长短等也有很大变化，将这些行为方式考虑进去，于是出现了可调节高矮的座椅和可以长时间坐的软性座椅。软件尺度指的是人的情绪因素。情绪虽然和产品的使用目的没有直接关系，但是会影响人的使用行为。

设计师还有一个共通的理念：用户行为不可逆。这种说法有点绝对，但也强调了用户习惯的重要性。QWERTY键盘便是用户习惯至上的经典案例。最初，打字机的键盘不是今天这个样子，而是严格按照字母顺序排列的，可是，在全机械结构打字机时代，如果打字员的速度过快，就会出现卡键问题，按键损坏速度很快。为了解决这个问题，设计师想出了放慢打字员打字速度的方法，于是，熟悉的字母排序被打乱。

后来，当计算机出现时，计算机键盘延续了这个习惯，直到今天，键盘的排列方式还是 QWERTY 顺序，对大多数人来说，这已经成为习惯，人们也不想重新设计一个顺序，或者恢复原来的样子，况且，那样做没什么实质性意义，成本还很高。

作为设计师，是否真的秉持"以用户为中心"的理念，是否完全站在用户的角度考虑自己的产品呢？不用听设计师自说自话，看看用户反馈就能明了。海尔有一种电饭锅，锅盖和锅身是一体的，电器又不能放在水龙头下面洗，清洁起来非常麻烦；宜家有一款落地台灯，有朝上、朝下两个灯泡，样子优雅，且有两个开关分别控制两个灯泡，但是，两个开关分别连接一个插头，这样一来，插排上就会有两插孔被一个台灯霸占，很显然，设计师并没有多为使用者考虑；联想有一款笔记本电脑，性价比很高，但是有一个非常明显的缺点——散热口是朝右边的。鼠标通常放在电脑右侧，难道这款产品是专门为左撇子设计的吗？当用户因为操作失误而惊慌失措时，当用户因为产品复杂的使用方法而皱紧眉头时，设计师就不会为自己的创意沾沾自喜了吧。

如今，很多设计师否定约定俗成的设计，试图创造出一种新的生活方式，实际上，这种思想加重了人们的负担——人们必须依照设计重新适应生活。深泽直人说过，每个人其实不太明白自己到底是什么样的人，但有一点是明确的，人不应该强迫自己适应环境。每个人都应该让自己在舒服的环境中待着。他的设计是尽量不展现个性，不彰显产品，而是简单地制造出别人需要用、喜欢用的东西。换个角度看，不展现个性也是一种个性，就像无印良品的产品一样，没有商标，没有标签，然而，"MUJI"已经成为产品的最大商标。

为什么是麦当劳与肯德基

开门七件事：柴、米、油、盐、酱、醋、茶。中国人把"吃"摆在第一位置，吃是中国文化中不可缺少的部分，中国也是世界上发展出丰富的饮食文化的国家之一。中国的饮食追求色、香、味，菜式多样，造型精致，中国菜讲究调和，将食材和调料融合在一起，调和出一种美好的味道。

菜肴的味道有两个层面的含义。第一，调味品和原料组合，经过加热融合，形成了呈味物质，人体通过味觉感受器，主要是味蕾来感受菜肴的味道。第二，味觉还包括人对食物的颜色、形状、原料等因素形成的心理味觉，对材料、温度、浓度形成的物理味觉和对酸、甜、苦、辣等成分的化学味觉。

西方的饮食观念和中国不同，西方人讲究营养搭配，色、香、味、形并没有被排在第一位，重要的是营养比例的均衡，摄取多少热量、维生素、蛋白质等，需要经过严格的数学计算，口味却千篇一律，这一饮食观念和西方的哲学体系相适应。

不少看《舌尖上的中国》的外国人都被中国美食震撼住了，Chagan Lake Fish（查干湖鱼）亦被外国年轻人熟识。然而，近三十年来，中国人的饮食口味儿却被洋快餐改变着。现代工业文明使得快餐变得工厂化、规模化和标准化，洋快餐的基本特征即快速就餐，连锁经营，利用工业化标准保证食品质量。

九十年代末，麦当劳、肯德基等洋快餐进入中国。1987 年，肯德基第一家店在北京开业，随后在全国范围内发展；1990 年，麦当劳在深圳开设中国第一家餐厅；1992 年，麦当劳在北京王府井开设餐厅，是当时世界上最大的麦当劳餐厅，日交易人次超过万人。

三十多年来，中国的快餐市场被肯德基、麦当劳占领，洋快餐在中国取得了彻底的胜利，更可怕的是，这些洋快餐已经改变了部分中国人的饮食习惯。拿早餐来说，传统的中国式早餐通常为：一碗香喷喷的豆浆，几根新炸出来的油条，热气腾腾的包子，搭配一碗小米粥。洋快餐带来的早餐则是汉堡、咖啡、三明治。

大厨都是美食家，他们对美食的感觉非常敏锐，而且非常挑剔。奇怪的是，即使是遍尝天下美食的人，也会觉得一碗鲫鱼汤，一盘醋熘土豆丝，或者一张棒子面饼乃人间美味。对其他人来说，鲫鱼汤、土豆丝或棒子面饼是很普通的食物，甚至显得粗糙；对有些人来说，那个味道是一种味觉记忆，那里面可能包含着妈妈的味道、童年的记忆。不要小看一盘家常菜，它是会在记忆里扎根的，成为一种生命的印记，永远都褪不去。

洋快餐比谁都懂得这一点，于是肯德基、麦当劳有一套专门吸引小孩子的方法。比如，精心为小孩设计的儿童餐，餐厅内设置游乐区以及点餐赠送玩具。另外，很多父母也有一种错误的想法，把吃一顿肯德基或麦当劳当做奖励。

和洋快餐比起来，传统的包子、豆浆更适合中国人的口味，这一点，肯德基、麦当劳的经营者也非常清楚，他们适应中国人饮食习惯的方式就是在菜单中不断加入中餐的元素，而且，肯德基在本土化的路上走得比麦当劳要快得多。

肯德基的"盐酥拌翅"在鸡翅中加入八角、桂皮、芝麻油——这些都是中华传统调料。饮品上，除了可乐、汽水外，还有符合中餐习惯的鲜蔬汤、肉汁汤等。在广东的肯德基餐厅，饮品中甚至包含凉茶。在推出油条、稀饭等单品后，蘑菇饭、番茄蛋花汤、四川榨菜包和香菇粥等中国式菜肴都上了肯德基的菜单。而且，他们的定位很明确——年轻人。

洋快餐在宣传上将消费群体定位为儿童，于是，主打家庭价值观念的广告越来越多，不管是肯德基还是麦当劳，都喜欢在广告中宣传核心家庭的生活方式。父母带着孩子到公园玩耍，坐在草地上享受炸鸡和汉堡等美食，广告再配以轻松的乐曲，营造温馨的家庭氛围，让父母和孩子都觉得，这才是幸福的家庭应有的样子。

此外，洋快餐比较重视视觉及精神层面的宣传。麦当劳的"我就喜欢"（I'm lovin't）是一支在全球120多个国家同时推广的广告，目标群体是年轻的上班族。中国的年轻一代非常吃这套，它代表了年轻人渴望摆脱旧观念，敢于追求新事物，表白真实内心的生活态度。

对于追求快速、高效的年轻人来说，洋快餐的环境设计很有吸引力——曾有人开玩笑说，中国最大的房地产商是谁？是肯德基。因为它占据了中国各大城市的繁华地段。对小孩子来说，他们不知道什么是垃圾食品，相反，山德士上校憨态可掬的笑容却会在孩子的心中扎根。

洋快餐在中国的快速扩张并不是没有原因的。每开一家新店之前，他们都会针对当地的车流、人流甚至人们走路的速度进行调研。若每个人都行色匆匆，证明当地的生活节奏非常快，餐厅的生意更有保障，而且，脚步越快的人，越会成为他们的目标客户。

便利店为何 24 小时营业

7-ELEVEn 是一家连锁便利店，在写字楼、居民区和繁华商圈，随处可见 7-ELEVEn 的红绿条形招牌。7-ELEVEn 的前身是 1927 年在美国成立的南大陆制冰公司 (Southland Ice Company)，主要业务是零售冰块，因为当时电冰箱尚未普及，人们只能用冰块冷藏食物。1932 年，应顾客的要求，一些店面开始零售其他生活用品，如牛奶、面包和鸡蛋，初现 7-ELEVEn 的雏形。1945 年，公司更名为南大陆公司（The Southland Corporation.）

1946 年，店铺改变了营业时间，每天早上 7 点开业，晚上 11 点关门，于是有了 7-ELEVEn。公司开启特许加盟店的模式，使得 7-ELEVEn 不断扩张，新的店面陆续开启，真正揭开了便利店连锁时代。1973 年，日本伊藤洋华堂公司——当时日本最大的零售商和南大陆公司签订了地区性特许加盟协议，日本的第一家 7-ELEVEn 随后开业。1987 年，南大陆公司扩张失败，三年后申请破产，伊藤洋华堂顺势买下了公司 73% 的股份，成为南大陆的最大股东。1999 年，南大陆公司正式更名为 7-ELEVEn. INC.

说到 7-ELEVEn 这个商标，很多人会疑问，为什么只有最后一个 n 是小写，其余英文都是大写。在台湾，有民间说法认为，大写的 N 最后一划是向外的，表示钱财会散出去，小写的 n 最后一划是向内的，表示钱会吸进来。另一个民间的说法认为，小写的 n 是为了提醒顾客，eleven 是晚上（night）的时间。日本的电视娱乐节目也探讨过这个问题，得出的结论是：因为商标注册法不允许一般名词，如数词作为商标来注册。

实际上，7-ELEVEn 这个 logo 沿用了南大陆公司的设计，7-ELEVEn 官方说法是，美国设计师特别将最后一个字母小写，完全是出于整体美感的考虑，并没有风水方面的考量。不过，这个 n 为品牌增加了许多话题性，也激发了人们的想象力。虽然真相只有一个，但是无法阻止人们为它赋予更多的意义。

7-ELEVEn 是最早推出 24 小时经营模式的便利店。其实，7-ELEVEn 最初在日本也按照早上 7 点，晚上 11 点的模式营业的，后来店主发现，早上开门之前，已经有顾客在门口等待了，晚上 11 点左右，依然有很多顾客进门，于是，一些店面开始尝试 24 小时营业，效果不错，于是促成了 24 小时营业模式。

7-ELEVEn 为何通宵不打烊呢？后半夜的生意并不那么好做，有时候，一个晚上只有几百块的营业额，还要支付员工的薪水，谈不上盈利。7-ELEVEn 以及其他品牌的便利店都在坚持 24 小时营业，其实有多方面的原因。

首先，许多城市白天不允许箱型物流车进入市区，因此，配送车都在半夜到达，24 小时营业，保证了店里有人负责收货、清点、上架，因此，7-ELEVEn 的夜班营业员基本都是男生，一是出于安全考虑，二是补货的时候需要体力，柔弱纤巧的女生做起来很吃力。

其次，夜里可以进行清洁工作。便利店的地板、咖啡机、包子机、关东煮机需要每天清理，因此，深夜是做清洁的一个好时段——你见过便利店在营业高峰期做清洁吗？另一个原因出自成本考虑。7-ELEVEn 的店面都开在都市中心区，房租不菲，夜里经营，多多少少还有营业额。

像 7-ELEVEn 这样的连锁便利店，卖的就是"便利"。24 小时营业恰好有助于塑造其便利形象。24 小时营业，让顾客随时需要什么，马上想到 7-ELEVEn。比如半夜想要抽烟，超市、烟酒商店早就关门了，7-ELEVEn 却照常开门，迎接烟瘾难耐的你。

7-ELEVEn 的食物普遍比大型超市贵一些，这也是它比普通超市便利的结果。它不仅距离更近，营业时间更长，而且提供更细致的服务，比如缴费、复印打印、快递等。更重要的是，24 小时营业在悄悄地改变人们的行为。没有 24 小时营业的便利店，人们半夜饿了或烟瘾犯了，可能忍忍就过去了，如果社区附近恰好有一家 24 小时营业的 7-ELEVEn，人们只需要花五分钟时间，就可以买个便当或者一包烟，渐渐的，7-ELEVEn 改变了人们半夜不出门购物的习惯。

早在 7-ELEVEn 进入日本时，日本人也没有半夜出门购物的习惯。当时的市场调研结果显示，日本人根本不需要便利店。因为日本家庭中，男人外出工作，女人做全职太太，家中所需物品，太太会在去卖场购物时一次性备好，根本不需要去便利店。实际情况却和调研结果相反，第一家便利店开业后，迅速在日本扩张，如今，大街小巷的 7-ELEVEn 成为市民每天都要报到的地方，7-ELEVEn 也逐渐改变了人们的消费习惯。

对于上夜班的公司职员、开出租车的师傅来说，24 小时营业的便利店是必不可少的存在。下了班，和同事到便利店吃点东西，寿司也好，方便面也好，或者香肠、八宝粥，凌晨还能吃到热乎乎的关东煮，只有 7-ELEVEn 能实现这个功能。

7-ELEVEn 的特点即便利。它全年 365 天，每个星期 7 天，每天 24 小时不休业。商品中，食品占四分之三，杂志、日用品占四分之一。在 7-ELEVEn，顾客可以买到日用品、食品、旅行用品和即食的快餐食品。

除此之外，7-ELEVEn 还有水电收费、充值卡、杂志订阅、银行还款、日常药品、收发邮件等业务。

发展至今，7-ELEVEn 的店铺遍布中国、美国、日本、新加坡、马来西亚、菲律宾、泰国等国家和地区。7-ELEVEn 的店面都不算大，按照总部的规定，7-ELEVEn 的店面大小不超过 100 平方米，但是它物品齐全，不仅销售商品，而且提供一种多样化的购物和便捷的生活方式。品种繁多的商品与事无巨细的服务项目体现的正是 24 小时便利店的最大优势：便利。必需品齐全、实行鲜度管理、店内清洁、明快和亲切周到的服务，这是 7-ELEVEn 成功的秘诀。

如今，便利店行业的竞争变得激烈，7-ELEVEn 不仅销售食物，它正在从便利店变成便利餐厅，休息区内的四人座餐桌、洗手台和绿植，将便利店营造出便利餐厅或便利咖啡店的感觉。回想一下 7-ELEVEn 的面包柜，在灯光的衬托下，热气腾腾的便当和新鲜的面包往往备受饥肠辘辘的顾客青睐。面包、便当这类鲜食虽然报废率较高，但是毛利率也很好，六七成的顾客进店都是为了购买鲜食。此外，有的店面将鲜食搭配其他商品，如饮料、牛奶、咖啡等。

7-ELEVEn 以其精准的采购和配送保证了食物的新鲜度。一般情况下，常温食品、低温食品一天配送一次，鲜食一天配送两次，时间分别在凌晨零点以后和下午一点以后。超过 24 小时的鲜食都会下架，店长则根据 POS 系统把握商品销售信息，降低鲜食的报废率。为此，店长要密切关注天气数据，包括温度、湿度、风力、暴雨以及台风等，以保证便当、寿司、三明治等鲜食的新鲜度。7-ELEVEn 经常推出自有产品——只有它家有，别家不曾闻的商品。比如 Unifresh 的果汁，如果想喝的话，必须走进 7-ELEVEn。实际上，鲜食也属于自有商品。

为了贴近年轻人，7-ELEVEn 还把商品与卡通主题结合起来，推出哆啦 A 梦方碗，卡通大街糖果、超萌小熊学校、经典迪士尼系列等，还有随处可见的 open 小将。每年四到五次卡通行销，将店面装饰成一个卡通主题世界，销售相应的卡通产品，通过集点、抽奖的方法鼓励粉丝消费。和日常销售相比，卡通主题店的店面设计起来很复杂、成本高，但随之带来的则是高人气、高销量，销售额往往比其他便利店高出几十倍。

什么样的广告深入人心

2014年的奥斯卡颁奖礼上,最佳导演颁给了《地心引力》的阿方索·卡隆;最佳女主角是《蓝色茉莉》的主演,澳大利亚演员凯特·布兰切特;"小李子"莱昂纳多·迪卡普里奥入围四次,四次落空,最佳男主角的小金人被马修·麦康纳拿走。此外,最佳影片、最佳动画长片……颁奖礼向来都是几家欢喜几家愁,不过,你以为拿到小金人的导演、演员、制片人就是当晚的最大赢家吗?事情并没有这么简单。

奥斯卡颁奖礼向来和商业营销脱不开关系,2014年,奥斯卡颁奖礼的观众有4300万,对于任何一个商家,这个晚上无疑是宣传、营销的最佳契机,许多服装品牌、化妆品品牌跃跃欲试,希望也带一尊小金人回家。

奥斯卡红毯上不缺土豪,来自韩国的手机品牌三星在奥斯卡上亮相多年,投入上千万美元的广告费。苹果以设计和创新取胜,三星则侧重广告和营销。据统计,2013年,三星在广告和营销上的支出超过140亿美元,这个数字超过谷歌收购摩托罗拉的费用,是HTC市值的三倍,超过冰岛一年的国内收入总值。

2014年,这位财大气粗的土豪买下了奥斯卡之夜五分钟的广告时间,投放了一条主题为"One Samsung"的广告,结果,这条广告的影响力还不及主持人艾伦·德杰尼勒斯的一张自拍照。

在颁奖礼进行的间隙，艾伦在观众面前掏出了一部白色的Samsung Galaxy Note3，拉着坐在前排的明星来了一张自拍照，镜头拍到了梅丽尔·斯特里普、茱莉亚·罗伯茨和布拉德·皮特等一众明星，这张照片被传上推特，转发量突破一百万次，超过了奥巴马当选后与米歇尔拥抱的那张照片。

两天内，这张被称为"奥斯卡史上最昂贵的合影"被转发三百万次以上，引起了观众对三星其他广告的关注。毫无疑问，艾伦的自拍照立了大功，使得三星成为当晚最大的赢家。这一切都是艾伦的个人行为吗？当然不是，艾伦的私人手机并非三星，而是苹果。这不过是三星在美营销计划中的一环，最重要的是，它成功了。

2014年的奥斯卡之夜，30秒广告的价格是180万美元，比2013年提高了10%。虽然奥斯卡的广告费水涨船高，不过，也有人误打误撞，免费做了一个大广告。美国小伙儿埃德加和他的哥哥在加州经营一家名为Big Mama's&Papa's Pizzeria比萨店，当晚，他接到订餐电话，送了五张比萨和一个派到杜比剧院，结果他被带到奥斯卡颁奖礼的舞台上，和艾伦站在一起，当艾伦把比萨分给诸位明星时，"Big Mama's&Papa's Pizzeria"的商标赫然出现在电视画面上，几分钟内，4300万观众认识了这个外卖小哥和他的比萨店，粗略计算，他至少省下了一千万美元的广告费。

手机也好，比萨也好，眼球时代、社交网络时代最简单粗暴的营销方式就是广告植入。植入式广告和心理学家研究过的阈下广告有相通之处。植入式广告放弃了直白表达诉求的方式，将商品信息和电影、电视中的人物、服装、道具和台词结合起来，以隐蔽、生动的形式进入观众视野。常见的植入式广告即商家冠名，如"蒙牛酸酸乳超级女声""立白洗衣液我是歌手"，随着电视节目的播出，受到观众认可和接受，但是成本非常高，商家往往要拿出几亿元钞票才能拿到冠名权。

显性植入也体现在直接表现产品的商标、名称等，在电影中，最简单显性植入就是道具植入，比如 1951 年的电影《非洲皇后》，戈登杜松子酒的商标在镜头前显而易见。此外还有台词植入、场景植入等。台词植入如《阿甘正传》里的一句经典台词，"见美国总统最美的几件事之一是可以足喝'彭泉'牌（Dr.Peppers）饮料。"

场景植入，即根据剧情的需要，将广告内容呈现在画面上。冯小刚的电影《手机》中有一个场景，伍月在看严守一主持的节目《有一说一》，电影中的电视机里在播放中国移动的广告——沟通从心开始。这种融入剧情的广告不会显得突兀，还会给观众留下深刻的印象。《手机》中的另一条广告非常明显，但也贴切。严守一使用的手机型号是摩托罗拉 E380，来电话时，"you have a new calling come"的铃声响起，一听到这个音乐，观众就会想到"哦，摩托罗拉"。

融入影视剧的植入式广告投入成本不高，商家乐意接受，制片人也开门欢迎——植入广告是快速收回成本的一种方式。当然，合理、巧妙、不露痕迹的植入在瞒天过海中获得广告收益，频繁、刻意、赤裸裸地植入则只能引来观众吐槽。

比如大受年轻人欢迎的都市喜剧《爱情公寓》。在益达广告词"是你的益达"陪伴下成长起来的年轻人，对益达口香糖再熟悉不过，为了进一步宣传，编剧将"益达"直接变成剧中一位人物的"小号"：张伟——张益达。虽然导演一再强调，这不是植入广告，真的是一个段子。到了第三季，广告植入则变得生硬而粗暴。沐浴露、榨汁机品牌层出不穷，养乐多、冰锐、雪佛兰、百加得、淘宝、新浪微博甚至还有脸盆网。其中和剧情融为一体的广告，如绿箭、屈臣氏为剧情发生提供了场景和线索，但也有一些过分刻意，比如"力士沐浴露滋润皮肤的秘诀是什么"？

广告植入的效益非常明显。冯小刚的贺岁片《非诚勿扰》让日本北海道成了国人去日本旅游的目的地，创造票房奇迹的电影《泰囧》为泰国旅游业做了巨大贡献，《英雄》虽然骂声一片，却让观众看到了四川九寨沟的美景。

电影中的广告植入借用了人们的注意力。一部电影往往在120分钟内交代一个时间跨度大、人物复杂、情节集中、地点变化的故事，在黑暗的环境下，观众全神贯注地看着荧幕，如此高注意的情况下，观众接受信息的效率和记忆的力度都有所提高，因此，电影中的广告植入很容易成功。

以前电影中的广告都在片尾以鸣谢单位的形式出现，有企业名称和品牌logo出现，不过，看电影的观众通常在看到"the end"之后就准备离场，很少有人坐那里看鸣谢单位。电影发布会、庆功会上，贴上赞助商的广告，邀请赞助单位参加并向媒体介绍等，也是广告宣传的模式，这种宣传已经不属于"植入"范围了。现代的商家更聪明，他们喜欢让产品深入电影的每一个角落，让产品成为电影的一部分。

有史以来植入广告最成功的范本应属007系列电影。作为史上最强特工，詹姆斯邦德的装备永远受到商家的瞩目，从跑车、概念型手机，到手表、饮料，这些产品作为电影道具与邦德一同出现，显露出主人公的身份、地位、职业和生活态度。邦德的经典台词，"伏特加马丁尼，摇的，不要拌的"（shaken, not stirred），代表了邦德的生活态度，同时让喝马丁尼的人对邦德产生身份认同。

目前国内的广告植入还处于生硬插入的阶段，要么把商品硬邦邦地摆在背景里，好像准备着让观众"挑错"，要么是铺天盖地迎面扑来，让人避之不及。由于电视剧中广告植入太多，姜昆在相声中调侃道"不要在广告时间插播电视剧嘛"，每年的年终大戏——春晚也被人指责"春晚好像是在广告中插播节目"。

从经济学角度看，广告植入本无可厚非，不过，春晚导演也好，电影导演也好，最起码应该在植入广告之前学点心理学，魔术师喝汇源果汁尚且说得过去，让一位农妇手捧国窖1573，未免太过刻意，难不成那是假酒？让广告"随风潜入夜，润物细无声"地出现，才是广告植入的最高境界吧。

好广告调动人的情感

广告，广而告之，即有关商品或服务的新闻，其目的是让读者获得有关某种产品的信息。世界上不同产品，不同品牌，多得数不胜数，广告的存在就是为了满足消费者的情感诉求，让品牌在消费者的心里排序上升，就像天猫商城的店铺一样，越是排在前面的品牌，才越有可能被消费者优先考虑。

广告诉求包括理性诉求、感性诉求和公益诉求，其中感性诉求就是情感广告，诉诸消费者的情绪、情感反应。许多广告中都融入情感，营造出温暖的气氛，让消费者想起身边值得珍惜的亲人或朋友。此外，消费者还有爱国情感、民族情感、社会和公益情感等，广告将这些情感与品牌结合在一起，不仅能引起消费者注意，还能借机宣传社会事件，比如安踏、361°等体育产品，每逢世锦赛、奥运会都会将国际赛事与品牌产品结合起来宣传，运用民族、国家元素，拉近与消费者的距离。

所谓广告的情感诉求，即从消费者的心理着手，抓住消费者的情感需要，以产品满足消费者情感的方式对消费者产生影响。广告吸引消费者的视线，吸引他们去关注某一特定产品或服务，在欣赏广告的过程中，消费者扮演着广告中的某种角色，即身份认同，潜移默化中，广告影响了消费决策和消费行为。在社交网络时代，广告已经不再是单方面地向消费者传递信息了，社交网络用户通过关注、转发、分享品牌广告，由被动变为主动，消费者成为产品营销中的一部分。

美国广告理论家施瓦茨认为，成功的广告一定要和消费者产生共鸣。广告唤起了受众的回忆，产生了难忘的体验经历和感受，广而告之的目标才能实现。让人产生共鸣的广告往往涉及消费者的情感，如价值观、需要、欲望、喜怒哀乐等。广告把消费者的情感体验激发出来，消费者就容易产生共鸣，好像被触动了一根神经，从而树立起品牌形象。

广告除了画面之外，还有文字携带的信息。文字的内容、语气会影响消费者的态度以及对文字的理解。音乐这一可听的因素和可视因素一样，能够影响消费者对品牌的感觉——音乐和声音的效果都能激发情感，让受众产生共鸣。

但凡成功的广告都善于挖掘人的内心深处，满足人们心灵深处的渴求和祈盼。现代广告普遍表现的主题是肯定人的价值、憧憬和平、安宁和幸福。人类对自身价值的追求是永恒诉求，因此这类主题的广告对消费者永远奏效。大量的广告希望帮助消费者维护其自身形象，提升自尊心，比如一款四轮驱动的 SUV，商家通过广告向消费者展示，周末带着家人，驱车到绿茵满地的郊外休闲，享受大自然和天伦之乐，这才是理想的生活，而这辆新款车型能帮助人们实现理想，尤其对于男性，令其产生强烈的自尊感。

自然浪漫的情感氛围可谓老少通吃，年轻人希望生活浪漫多彩，老年人也希望生活能自然温馨。因此，广告喜欢再现大自然美景，渲染轻松欢快的气氛，从而感染消费者，满足消费者的情感需求。

2000 年，宝马的销售业绩较 1999 年大幅下降，为了摆脱困境，宝马的广告代理公司推出了一系列情节紧凑的广告短片——《the hire》，广告由英国男星克里夫·欧文出任主角，来自世界各地的知名导演负责指导，其中不乏在国际上享有声望的华人导演，如吴宇森、李安、王家卫。

八个短片将宝马车系在一系列惊心动魄的冒险故事中展现出来，虽然广告本身没有直接让观众参与互动，但是电影情节已经让观众参与其中了。

观众如同看电影一般，时而紧张，时而放松，短短八分钟里，注意力跟随主角的命运变化，实际上，观众的心情跟随剧情坐过山车的同时，广告已经和观众产生心理互动了。这种心理上的互动让宝马受益匪浅，广告代理公司最初估计观看人次大概会有两百万，截止到 2003 年 6 月，这一系列广告共有四千五百万人次观看，宝马的销售额也大大上升。

不管是哪个国家，哪个民族的人，友情、爱情和亲情是人类永恒的情感需求。在中国，"家"是最能撩拨人情感的字眼。广告中稍微揭示那么一点游子离家的酸苦、年节时对家的盼望，以及父母对子女的疼爱，子女对父母的孝顺，不需要营造感伤气氛，就能够触动大多数人的心情，赢得消费者的共鸣。

除了广告内容，广告设置的情景、画面之外暗示的内容也能激发消费者的情感。对年轻人来说，新鲜的、奇特的、与众不同的东西容易引起关注，因为他们讲究时尚，追求个性，尤其是那些炫酷的科技产品，广告迎合年轻人的求新心理，产品的关注度就会上升，销售量自然有保障。许多大受年轻人欢迎的手机，如苹果系列，其广告主要是抓住年轻人的求新心理。

个人化的自我实现，积极的价值观同样会激发消费者的情感，比如网球运动员李娜在获得法网冠军后，广告商纷纷找上门来，从国内的泰康人寿、伊利、昆仑山，到国际大品牌耐克、奔驰、三星、哈根达斯，李娜以她的运动员成绩和独特的个性受到社会大众，尤其是年轻人的欢迎。

节日是激发消费者情感的最佳时间点，节日带来的热闹、快乐的气氛，最容易贴近不同群体的消费者。对中国人来说，春节、中秋节、端午节往往能激发全体人民的情感，因为这些节日与中国人最看重的父母亲情联系密切。其次，情人节、母亲节、父亲节则针对特定受众，适时的广告也能满足消费者的情感需求。

产品的不同，也可以选用不同的表现手法，如幽默、荒诞。幽默可以是搞笑，也可以是冷幽默，引发人的思考，一些公益广告喜欢用幽默、荒诞的方式引起人们的注意，让受众有一种警觉的感受。

广告中的民族风

上文提到过，广告诉诸人的情感，一条广告若是能从形式到内容勾起受众的情感，使之产生共鸣，这条广告就成功了。当人们的消费需求从物质层面上升到精神层面，广告不能单纯宣传产品，还必须融入文化内涵，从精神上打动受众。

在经济全球化的今天，跨国公司在世界各地营销产品。文化环境不同，文化心理千差万别，商家发现，只有将产品、品牌与民族传统文化结合起来，才能获得消费者认同，刺激消费行为。于是，广告逐渐适应各国、各民族的文化传统，如可口可乐在电视广告中加入中国元素，宝马用水墨画的形式展示新车型，反过来，广告也成为一条宣传本民族传统文化的便捷途径。

一个群体之所以成为一个民族，是因为他们特有一套历史文化系统，包括语言系统。这套文化传统是不以政权更迭而变化的，它扎根在每一个人的骨头里，以血液为途径传递给下一代。

20世纪90年代，几乎所有国内家电品牌都在广告中大打"民族牌"，长虹提出口号"以产业报国，以民族昌盛为己任"；海尔的广告词是"海尔，中国造"；创维彩电则声称"创维情、中国心"。在那个年代，大打"中国牌"的企业几乎都获得了成功，广告领域吹动着一股强劲的民族风。虽然今天的消费者不会把抽象的中国情结和具体的消费行为联系在一起，

"中国"这两个字依然能触动受众的敏感神经，看看各家电视台制作的节目吧，《中国达人秀》《中国好声音》《中国梦想秀》《中国星跳跃》《中国范儿》《中国星力量》……"中国"以及这个词语背后的民族情绪已经被普遍使用了。

什么是中国元素？中国元素不应该只是"中国"两个字，中国不只有古代四大发明，青铜器、秦俑、唐三彩、唐诗宋词、水墨画……这些都是中国元素。灿烂而悠久的文化长河，广告人想要传统文化中获得灵感并不是件艰苦卓绝的事儿。一个真正有价值的广告，它宣传的不只是产品，还有文化，是几千年沉淀下来的、流淌在国人血液里的审美心理。

在北京，最出名的酒就是二锅头，当二锅头试图从低端走向高端，推出精装瓷瓶二锅头时，在它的广告宣传上，文化成为触动消费者共鸣的法宝。作为老北京人餐桌上必备酒品，二锅头已经融入北京人的生活，融入北京文化，连旅游广告都在强调这一点：游北京要做四件事，吃烤鸭，爬长城，学京剧，喝二锅头。

央视的宣传片中曾经运用过中国元素，如水墨。2009年，央视的宣传片《水墨》（ink）以水墨作为载体，融合了传统绘画，用墨在水中晕染的方式呈现出山峦、大海、仙鹤、游龙，变换出长城、太极等中国符号，整体颜色以黑色和灰色为主，意境沉静而悠远，既体现出央视强调的"民族的就是世界的"的理念，凸显中国文化的深厚悠久、博大精深，且符合传统士大夫含蓄内敛、宁静致远的气质。

国产化妆品品牌"相宜本草"在一系列的广告中加入了古代"天人合一"的思想，广告中的主人公置身于自然环境中，青山绿水，雪域高原，加上古典美女、发簪、莲花、花鸟水墨等中国元素，体现的是人与自然和谐相处的观念，同时突出产品的植物性，来自自然，又回归自然。

许多外国品牌进入中国市场，特别懂得加入中国的文化元素。传统文化元素提升了广告的文化内涵，还能获得社会反映。比如百事可乐的回家过年系列，利用的就是中国人看重"家"的文化心理。

女儿、儿子回家，父亲则在家里为孩子准备晚饭，这是春节期间每一个家庭上演的场景，回家团圆的场景既能感动独在异乡为异客的游子，也能感动在家中守望的父母亲人。百事可乐的广告触动了中国人心中最柔软的部分，拉近了产品和消费之间的距离，刺激消费者的购买欲望。

百事可乐的老对手可口可乐也用过"回家过年"的广告创意。在"阿福拜年"的广告中，一个小村庄被冬雪覆盖，泥娃娃造型的一家人出门迎接新年，阿福则抱着可口可乐给大家拜年。春节期间，可口可乐还推出十二生肖包装，使得产品进一步融入到节日气氛中。

有趣的是，可口可乐进入中东地区后，一改在全世界的红、白配色广告，尤其放弃了中国人喜爱的红红火火的景象，反而运用了绿色，从广告到产品包装都以绿色为主。一方面，红色是伊斯兰教徒的禁忌；另一方面，阿拉伯人偏爱绿色。绿色代表生命和吉祥，阿拉伯国家的国旗大多以绿色为主，沙特的国旗完全是绿色的。

万宝路香烟是世界上最畅销的香烟品牌之一，在美国的宣传广告中，主人公是一个目光深沉、皮肤粗糙的大汉，浑身散发着粗狂、豪迈的男子汉气概，他手中夹着香烟，骑着一匹大马，驰骋在美国西部草原。对美国人来说，这是最熟悉不过的西部牛仔形象。这则广告勾起了美国人心中对开发西部的记忆，使受众产生了强烈的共鸣。

万宝路在中国做广告宣传时，将西部风格移植到了黄土高原。黄土坡上憨厚、豪放的西部汉子，奔腾的鼓点，传统的民族服装，让人既看到西部汉子的野性和张狂，又看到人民欢乐祥和、安乐富足的生活。其实，广告中的主人公可以再狂野一些，就像张艺谋电影中的西部男人，强烈的黄土味道，浓烈的个性，带劲儿的秦腔，中国的西部野性一点不逊于美国的西部牛仔。

实际上，国际上许多知名的服装设计师喜欢采用中国元素，如中国结、刺绣、丝绸、山水画等，然而，国内的广告人却喜欢请一堆西方人来讲授如何制作广告。究其根本，他们不知道成功的广告来自一个民族的文化。台湾广告人郑松茂曾说过，泰国最好的广告都是本土公司做的，因为他们的本土文化非常强，本土广告人也有自觉和自信。

不顾本土文化的广告，即使砸入大把的银子，最终只会走入歧途。好莱坞式的大片都是大投入、大制作带来高票房、高收益，于是，中国电影开始盲目模仿，大制作、大投入，结果呢？随之而来的不只是高票房和高收益，而是一阵阵骂声。许多导演没有看到，在大投入、大制作背后，好莱坞还有一套完整的工业运作系统，其中包括美国人崇尚的普适价值观——美国不需要宣传部，一个好莱坞就够了。这个道理同样被运用到广告创意中。你以为去马尔代夫拍个海景，去可可西里营造一个粗犷的西部氛围，受众就会觉得产品高大上了吗？

现在的广告制作中，名人代言的广告模式非常受到欢迎。对于体育、娱乐明星，人红不仅是非多，广告代言也跟着增多。但是，明星的出现真的会为产品增光添彩吗？大多数情况下，帅哥美女拿着产品，对着镁光灯摆 pose，这样的广告宣传并没有让受众更了解产品的性能，对品牌塑造也没有产生多大意义。

另外，对外来者来说，不顾及传统文化的广告宣传，即使启用大明星，创意十足，也难以获得消费者的认可，有时候还会起反作用，给商家带来麻烦。2004 年，立邦漆在广告中加入中国图腾——龙的形象，可惜用错了寓意。

广告画面上有一个中国式的亭子，亭子的两根立柱上各盘着一条龙，左侧立柱色彩暗淡，龙紧紧地攀附在柱子上；右侧立柱色彩光鲜，龙跌落在地上。很明显，这则广告是为了宣传立邦漆木器清漆的特点，油漆刷在立柱上，木器表面光滑，不生小刺。然而，这个"立邦漆滑掉盘龙"的创意却引发了中国消费者的愤怒。龙是中国的图腾，也是中国的象征，巨龙因油漆滑落，难免让人感受到被戏弄的成分，难怪国人看到广告画面感觉别扭。

与"立邦漆滑落盘龙"如出一辙的是另外一家日企的广告——丰田霸道广告。丰田推出霸道越野汽车时，为了凸显"霸气"，广告中，一辆汽车停在两只石狮子之前，一只石狮子抬起右手敬礼，另一只狮子则向下俯首，配有广告语"霸道，你不得不尊敬"。将广告中的狮子与卢沟桥事变、抗日联系到一起显得过分敏感，但是，石狮子在中国文化中象征着权力和尊严，怎么可以让石狮子向汽车敬礼、作揖呢？